轻松学会读图与导航

HOW TO READ MOUNTAIN MAPS

【日】村越 真　宫内佐季子◎著

张世响　金晓平◎译　张旭◎审订

U0241856

北京·旅游教育出版社

北京市版权局著作权合同登记图字：01-2020-5583

责任编辑：陈凤玲

山岳地図の読み方・使い方

图书在版编目（ＣＩＰ）数据

轻松学会读图与导航 ／（日）村越 真，（日）宫内佐季子著；张世响，金晓平译. -- 北京：旅游教育出版社，2020.10

ISBN 978-7-5637-4172-4

Ⅰ. ①轻… Ⅱ. ①村… ②宫… ③张… ④金… Ⅲ. ①全球定位系统－卫星导航－普及读物 Ⅳ. ①P228.4-49②TN967.1-49

中国版本图书馆CIP数据核字（2020）第189794号

轻松学会读图与导航

［日］村越真　宫内佐季子　著

张世响　金晓平　译

张旭　审订

出版单位	旅游教育出版社
地　　址	北京市朝阳区定福庄南里 1 号
邮　　编	100024
发行电话	（010）65778403　65728372　65767462（传真）
本社网址	www.tepcb.com
E - mail	tepfx@163.com
排版单位	北京旅教文化传播有限公司
印刷单位	天津雅泽印刷有限公司
经销单位	新华书店
开　　本	880 毫米 ×1230 毫米　1/32
印　　张	5.75
字　　数	182 千字
版　　次	2020 年 10 月第 1 版
印　　次	2020 年 10 月第 1 次印刷
定　　价	59.00 元

（图书如有装订差错请与发行部联系）

看地图规划行走路径

读图让你的户外世界更广阔

地图是户外活动不可或缺的信息源。就像爬高山不可缺少使用绳索技术一样，熟练使用地图对于户外活动的人来说同样不可缺少。对此没有人持异议吧。事实上，我们的调查显示，九成的人登山时会携带地图。

然而，笔者对长年登山者、徒步者或者户外活动者进行观察，得出的结论是：能够最大程度用好地图的人实属少数。的确，就为人熟知的山域、登山路线来说，不用地图也能登顶且能平安无事地下山。但是，使用地图的目的不仅仅是按图示到达目的地。希望通过阅读此书，读者既能了解地图的基础知识并掌握其使用方法，又能在户外安全地进行活动，还能感受到世界的广阔，同时享受使用地图带来的乐趣。

读图让户外活动更安全

学习掌握使用地图及探险导航技术，最大的目的是实现户外活动的安全性。会阅读地图，能事先了解登山线路，并根据线路需要做相应的准备，然后进行户外活动。在户外，有了地图和探险导航技术就能安心地进行活动。

根据日本警方统计，近年来因登山而发生事故的人数达 1600 人左右，其中 1/3 是因为迷路，占事故人数之最。即使不将迷路算在内，也有不少事故是因迷路而导致的跌落、摔滑。2006 年在日本六甲山发生的事故中，遇险者 24 天后被发现（假死状态、有生命体征），最初就是因为迷路。因此，会阅读地图和掌握探险导航技术能够为我们的户外活动提供安全、安心保障。

读图让世界变得更广阔

　　学会使用地图的第二个目的是使自己成为独立的登山者，同时拓宽户外活动的范围。人们熟知的远足徒步路线，多设有路标，走的人也多，不用地图也没什么障碍。而你作为群体中的一员，即使不会阅读地图也没关系，领队会为你带路。

　　但如果你掌握了阅读地图的知识和探险导航技术，那么你就可以不依赖他人，自己在地图上构想新的路线，前往新的地域。

　　会阅读户外地图能使你的世界变得更广阔。

会阅读地图并掌握了探险导航技术，就能够自己到世界各地去。

通过等高线正确读取地形信息，眼前浮现出想象中的景色，是很令人兴奋的

读图能增加户外活动的乐趣

　　使用地图的技术不仅限于实用。会阅读地图本身就是件非常有趣的事，而且还能增加登山的乐趣。通过阅读等高线可以想象出地形的样子或轮廓。大自然鬼斧神工般雕刻出了地球复杂多变的地形，这些地形通过等高线表现得一览无余，其表现形式的丰富性也令人兴奋不已。

　　现在等高线的标注一般都很准确，不管是山脊还是峡谷，一条等高线就能把地形的凹凸不平表现得非常清楚，这一点也不稀奇。其实通过等高线了解地形这件事就像一个了解高山植物的人，不仅会说"这花真美"，还能判断出"这是一朵罕见的 XX 花"一样，喜悦之情溢于言表。

CONTENTS

序言 ·· 004

第1章 **亲近地图** ············· 008

❶地图 ·· 010

从鸟瞰照片到地图

❷使用地图可以做的事情 ·············· 012

从地图中能明了特征与空间的关系

了解、分析场所/朝着目的地探险导航

享受想象的乐趣/储备信息/地图既易又难

❸地图的种类与特征 ····················· 021

地形图/日本几种常见的登山地图

示意图/导览图

❹地图的获取与加工 ····················· 026

折叠/复印/拼贴

嵌入必要的信息/防水加工/携带

第2章 **记住地图的基础知识** 032

❶地图中约定俗成的内容 ·············· 034

比例尺/等高线/磁偏角/图历

地图名与索引图/经纬度

❷重要的户外符号 ························· 039

徒步道路/小车道/单车道/输电线/等高线/

建筑物/信号塔/高塔/河流、水池/防沙堤/

神社、寺院/瀑布

❸记住了就会浮现出来的符号 ········ 044

植物分界/特定地区分界/旱地、水田/果园/

桑田、茶田/针叶林/阔叶林/竹林、丛生

竹林/高山松地/荒地/湿地/土崖、山崖/

岩石/乱石地

❹其他符号 ································· 049

三角点/索道/终年积雪/有轨缆车

❺熟练掌握符号 ··················· 050

大石堆/避难小屋/亭子

熟练掌握地图符号的三层意思

第3章 **等高线的判读** ········· 054

❶地形的表现方法 ························· 056

❷等高线的原理 ··························· 058

❸判读地形图的步骤 ····················· 059

❹判读地形特征 ··························· 060

山顶/山脊/山谷/鞍部

❺把握山脊线与山谷线 ················· 067

把握山脊线和山谷线的要点

易读懂和不易读懂的山脊线与山谷线

各式各样的山脊线和山谷线

描绘地形概念图

❻把握坡度的不同 ························· 073

等高线的间隔表示坡度的缓急

坡度的缓急表示山脊的形状

从等高线的间隔读取坡度的绝对值

用坡度变化来表示地形

❼用地图和实际风景来对应地形 ···076

通过地图读取山脊线与山谷线的布局

地图与实际风景对应

第4章 **阅读地图的4种方法** 080

❶读取某个地方的情况 ················· 082

❷读取探险导航地图 ····················· 083

❸把握现地 ································· 085

❹保持路线 ································· 090

❺制订计划 ································· 093

第5章 指南针的使用方法 ··· 098

❶ 指南针 ············ 100

❷ 指南针的类型 ············ 101

❸ 带底座的指南针 ············ 102

❹ 画磁北线 ············ 103

使用分度器画线/使用指南针画线

使用三角函数画线

❺ 只使用磁针读图 ············ 105

❻ 活用带底座的指南针 ············ 108

❼ 指南针的使用目的与方法 ············ 114

❽ 使用与保管指南针的注意事项 ············ 115

第6章 导航实践 ············ 116

❶ 实践要点 ············ 118

不是不犯错误，是把错误最小化

活用风景中的信息/理智思考

❷ 实践导航 ············ 122

第7章 活用GPS ············ 126

❶ GPS ············ 128

❷ 使用GPS的基本知识 ············ 130

画面/设定/应该知道的基本操作

❸ 与地图结合使用GPS ············ 133

以使用地图与指南针为主

以使用GPS为主

道路检查点和道路的输入

往返路线相同的情况

❹ 选择及使用GPS的注意事项 ············ 147

选择GPS的注意事项

使用GPS的注意事项

第8章 提高导航技术水平 ··· 148

❶ 各式各样的导航 ············ 150

特殊环境下的导航

其他国家和地区的地图与导航

❷ 快乐地导航 ············ 158

定向越野比赛

大规模限时定向越野比赛

探险比赛

读图讲座与登山实践

❸ 熟练掌握导航技术之路 ············ 164

喜欢地图，但粗心大意——村越 真

追求导航——宫内佐季子

第9章 读图及导航问与答 ··· 174

附录：用语解说 ············ 182

后记 ············ 184

专栏
■ Column ■

使用地图的比赛游戏 ············ 20

选择好的地图是探险导航的第一步 ············ 29

因迷路导致死亡的事故 ············ 38

地图是如何绘制的 ············ 53

日本100年来的梦想 ············ 64

奇怪的等高线 ············ 78

等高线的二次元与三次元 ············ 79

马失前蹄 ············ 89

导航与风险管理 ············ 97

不会使用地图的人读图 ············ 121

滑翔回收火箭上的GPS？！ ············ 138

地形与导航 ············ 157

成为受试者 ············ 171

亲近地图

The First step

　　一进行读地图练习，就会听到这样的声音：没学过，当然不甚了解读地图的方法了。本章从地图的种类出发对地图的获取方法、基础知识，实际使用时的加工与携带方法，以及初次使用地图时必须要了解的各种常识进行解释说明。

低山远足是亲近地图的绝好机会，出发前建议仔细地阅读地图。

携带地图的一些加工和保护方法。左边是地形图，用透明胶带包好，中间是市场上常见的地图，右边是放在带拉锁的塑料袋里的地图。为使用方便可对地图进行适当的加工与保护。

　　进行户外活动时地图不可或缺。初到一个地方，没有地图就不了解那里的情况，找不到目的地。如果是在市里，随处可以找到标识、说明或者可以询问他人。然而，如果在野外既无路标又无人可问，迷路了只能靠自己回到原路，这时候地图就成了最好的帮手。

　　为最大程度发挥地图的辅助作用，学会很好地阅读地图是非常有必要的。不少人觉得自己不擅长使用地图，这是因为对地图的特征认识不充分。了解地图的使用方法之前，在第 1 章里先就地图的特征和种类做一解释与说明。

① 地图

[从鸟瞰照片到地图]

a 鸟瞰照片
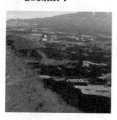

b 空中照片

c 地图

地图c里标记a的周围是耕地，这从鸟瞰照片和空中照片里都可以看出，因为其形状基本吻合。空中照片因为比较旧没有反映出a旁边那个像温室一样的建筑物，而鸟瞰照片是能够对应的。另外，标记b处表现出的山脊一端在鸟瞰照片中也是显而易见的。

首先思考一下，地图有什么特征，根据其特征，使用时我们对地图有什么需求。虽然谁都知道什么是地图，但是请郑重地再思考一下，是用好地图的第一步。

上面图a、b、c表现的是同一场所。a是鸟瞰照片，从稍高处俯瞰，下面的景色实物就是这样的。我们平常都是从侧面观察风景实物，鸟瞰与眺望的视角有点相近，也更容易看出来拍摄的是什么。

b是同一场所从高空拍的照片，这样的照片通常是从飞机上垂直向下拍的。虽然是同样的场所，但这张图比鸟瞰图更不易被读懂，究其原因是与我们平常的视角不同。比如拍摄建筑物，一般只能拍到我们平常看不到的建筑物屋顶；拍森林的话，看到的也只是树冠，很难辨认出是什么树。不过虽然如此，与实际眺望时见到的物体并没有什么大的变化。

再与c图比较，就更容易明白，从空中拍摄的每个物体与地图上的一致，但是比地图上表现地表的状况更具体。比如空中拍摄的森林，其中的树木可以看出是一棵一棵的，而在地图上只是被整合成一个符号而已。从空中拍摄建筑物也可以拍出细节形状，而在地图上细节都被省略，只是一个单纯的长方形符号而已。并且，地图上不能把建筑物的全部都表现出来，只是用符号标注并进行了省略。

比较这三幅同一场所的图片可知，从鸟瞰照片到空中照片是视角的变换，从空中照片到地图是实物到符号的变换。符号化时，还会进行省略、整合、描绘成总图的处理。这两种变换正是绘制地图时约定俗成的典型做法。

阅读地图时，需要在脑子里进行这两种变换，也就是要把符号想象成实物，不从上面，而是从侧面观察。

绘制地图另一个约定俗成的事项是比例

鸟瞰照片→空中照片→地图及其变化过程

  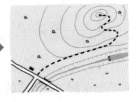

视角转换　　　　　　　　　实物转换成符号

尺，也就是按一定的比例把实物缩小。没有人会认为鸟瞰照片上物体的大小与实物大小一样的吧。照片上几毫米的房子，实际上有10米以上大，其他物体也一样。只有按比例尺缩小，才能把比人大很多的广阔地域的信息做成地图供人们拿在手上使用。

即使不会阅读地图的幼儿也会看从空中拍摄的照片，他们甚至把从空中拍摄的船看成是"蜡烛"，成人不会犯这样的错误，但是也绝不会笑话幼儿。在户外使用地图时，因为地图上只有几毫米，就认为目标似乎就在附近，即使常使用地图的成

人也会犯这样的错误。如果地图的比例尺是1:25000的话，8毫米即表示实际距离200米。因此，使用地图时地图上的长度实际是多长，要有这个意识。

比例尺变小，在地图上描绘的物体也变小。不仅如此，比例尺小了，有的物体就会被省略或集中描绘。因为地图上的空间有限，所有物体都绘制到地图上的话就会小到很难被读取，所以要适当地省略或者对有的物体进行整合表示。这一点如若印在大脑里，就会减少这样恼人的疑问"应该有的东西怎么没有呢"？

比例尺不同的地图比较

1:50000

1:25000

1:10000

左边的地图都是相同场所的地图，为了比较做的一样大，可以看出因为比例尺不同，有的图中很多内容被省略了。

② 使用地图可以做的事情

[从地图中能明了特征与空间的关系]

特征与空间关系构成的地图

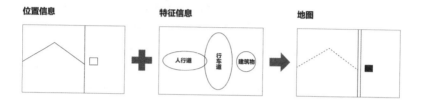

位置信息　　　　　　　特征信息　　　　　　　地图

人行道　行车道　建筑物

　　地图的内容由"什么物体""物体怎样""物体在哪里"等信息构成。比如上面的地图中描述的是人走路，在怎样的路上走，车在怎样的道路上通过，从建筑物的哪个方向分出岔路。"什么物体""物体怎样"都是用符号表示的，能够读懂符号，就能够读取地图中有什么，有的物体具有什么特征。

　　在"什么物体"和"物体怎样"中，看到符号的名称就能大致了解什么内容了。然而，表现"物体怎样"的符号所表示的意思却在很大程度上依赖经验的多寡。比如中间图中的"人行道"从实际看是什么样的，要靠经验来理解，户外活动在熟练使用地图的基础上还需必要的常识和经验。

　　地图中"物体在哪里"的信息，即表现空间位置和空间关系的信息平时一般意识不到。能体现正确空间的信息，也就是体现与实际情况相似的特征是地图与幻灯片以及文章表现之间最大的不同。或许人类与生俱来就有从视觉图像理解空间关系的能力，所以能够将视觉图像与实际不同的比例尺表示的空间——对应，所以不会意识到地图体现的空间信息。在户外熟练使用地图时"位置的正确性""位置关系的正确性"起着重要作用，正因如此，地图有不少用途。

　　地图以各种目的被广泛使用于人们的日常生活及户外活动中。地理学者和地质学者使用地图对地上和地下现象及规律进行推测和确认。土木技术工作者在选定建造水库和修路场所时要参考地图。一般的人不需这样使用地图，但是在户外活动时，正如后述的那样会在多种场合下使用地图。

［了解、分析场所］

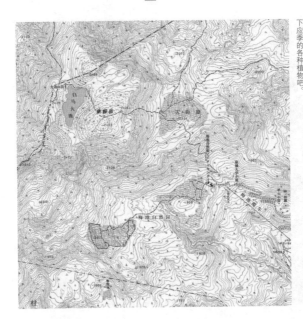

乘缆车来到标高1800米的地方，可轻松地在高山地带进行山地纵走。从天狗原湿地到其后边的乘鞍岳虽然是几块大的湿地和水池，还有山势和缓的乘鞍岳。在缆车周围有下应季的各种植物吧。那就在梅池自然园一带的湿地欣赏一陆坡，但距离不是很远，如果对体力没自信的话，

分析地图，思考活动

地图的第一种使用方法是预先想象某个场所的样子并分析其特征。

在探索新的户外活动场所时，地图对做准备很有用。登山时想走（与常走的路线）不同的路线，想在新的线路上进行越野赛跑，想在新的河流里进行皮划艇漂流，想在人少安静的河边与家人、朋友聚会烧烤，想去眺望美景等等。要达到这些目的，必须得了解这些场所的相关信息，而这些信息虽然可以通过交流得到，但是使用地图可以进一步加以确认或了解到口头交流时没有掌握的一些场所的信息。

当然，为此还必须熟知地图符号，了解其表示的意义。

比如，等高线的疏密表示山地的倾斜度和攀登的高度。地图上路边周围的崖、岩符号表示路边岩、崖多，根据此情况在做行程安排时要有预先安排，在准备鞋子和装备上可供参考。地图上的河流符号，可以了解到河流的宽度、水流量及水流情况，还可以了解到河流与道路的关系、距离河岸的远近。山顶附近，如果有荒地和丛生竹地符号，可以预想到这里可能是个视野开阔的地方。

会读地图可以从中获得到很多信息，由此可扩展自己的户外活动范围。

013

[朝着目的地探险导航]

即使走附近的远足路线也建议先阅读地图，在地图上确认重要的地标，以确保行程路线的安全性。

在户外活动地图的用途中，使用最多的是为了探险导航。如果是大众登山路线和远足道路，因为路标完备，没有地图也能到达目的地。但如果有地图就能够随时了解和把握自己所在的位置，而且能够确认自己的速度节奏，也因为了解自己所处的位置，也就放心，觉得安全了，因此行动的自由度也大大增强了。因疲劳、时间不够等原因想缩短行程或是打算比预定时间提前下山等想法都有可能实现。

山里还有地图上没标注的野兽出没的路和人工作业的路。根据不同场合，地图上有的路线变得不好认的情况也是有的。如果误入了错误的路线就会迷路。即使有人走过的远足路线，没有路标的岔道也很多。近年来，在日本山里发生的事故有1600起（警察与消防出动营救的），其中1/3是由迷路引起的。这些事故有的甚至在大众登山路线和进行越野赛跑的区域里发生的，有时会严重到发生死伤个案。因此，地图还是预防这些事故发生的重要装备。而且只有熟练掌握了使用地图的技术，才能更有效地活用地图。

本书的主要目的是要解释说明如何防止迷路，安全快乐地进行登山等户外活动时地图的阅读使用方法。

[享受想象的乐趣] 地图与克什米尔3D软件的描画

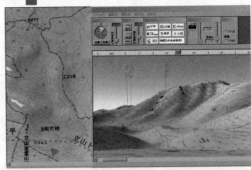

从地图上能想象出这样的风景实物会趣味大增。下边的图是同一场所的实物照片

地图传递的信息能让我们更容易地了解某个地方的情况。有位名叫西丸震哉的作者出版了一本书，书名叫《桌子上的登山》（博品社），书中有一节内容如下：

"虎毛山山顶被灌木丛覆盖，在哪里寻找三角点都找不到。在被认为是这一带最高点的地方，穿过一片灌木丛后发现东侧突出了一块山顶台地，让人认为这里一定是世上别有洞天的一番天地。茫茫草原，加上小池塘，池塘虽小，却映照出湛蓝的天空"。

正如书名所示，该书全部是靠桌子上的地图想象着写成的，西丸本人并没去过这些地方。尽管如此，他却能写出真实的"山行记录"，这也体现了西丸具有把地图读成活生生的现实的能力。

之后，开辟了登山道路，从登山人的报告中得知，山顶附近的确是湿地，还有池塘。具备了阅读地图的能力，即使待在家里不出门也能想象着登各地的山。

杉本先生开发了使用登山地图的强力辅助工具——克什米尔3D软件，开发这款软件的动机是通过它可欣赏到不能实地参访千岛列岛的景色。本书第7章将介绍这款软件的使用方法，用您的大脑如果能做与杉本先生同样的事情不是很棒吗？

通过地图就能对某个地方的实际情况在大脑中形成印象，在登山前就会增添一些想象的乐趣。

[储备信息]

在克什米尔3D软件储备的GPS数据记录

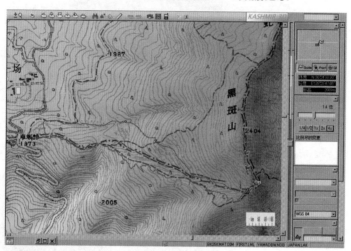

红线是被称为数据记录的道路信息。绿色小旗子和●是被称作道路检查点（参照第7章）的地点记录。因为地图上的道路信息陈旧，尽管在登山道路上走，红线有时也会偏离道路。另外还有一些不能测量的地方，所以有的地方线是断断续续的。

地图本身就是记录某个场所情况信息的产物，你可以灵活运用地图来储备信息。

上图中蓝色小旗子和圆点●是被称作道路检查点（参照第7章）的地点记录。

笔者在登重要的山时，都会把日、月以及通过山上各个地点的时刻记录到随身携带的地图上。这可作为以后登同一座山步行时间的参考。而且，知道了什么时间通过了什么地方，还能够推测出到别的场所需要的时间。

登山用的地图中标有该线路所需时间，但因每个人体力情况不同，所以线路所需时间不能照搬，而要根据自己的体力、速度等情况加以对照，这样才能更准确地推测出自己的线路所需时间。

对植物、动物及地质等感兴趣的或者喜欢垂钓的，也可以把相关信息记录到地图上。地图是一种能够汇集广阔空间信息，且容易读懂、便于阅读的良好载体。

现在，除了纸质地图外，还可以通过电脑上的地图，测量行程的距离，描绘出断面地图，甚至把地图打印出来带到户外。还可以通过 GPS 与之配合，把移动路线和特定的场所位置绘制到电脑里与电子地图一起储存。只要把数码相机的时刻设定好，照片的位置也能记录到地图上（见第7章）。

[地图既易又难]

即使不擅长使用地图的人，简单地教一下也会使用。

地图易

"说起地图，小学或中学的课程中稍微学习过一点。"不少人会这样说。尽管学得不多，但成年后，大多数人还是能够使用地图的。为了约见某人或初次去某个店铺而使用在线地图的人也不少吧？

著者中的一位曾多次出演过以无方向感为题的节目，在节目中与自称无方向感的人一起做在街上行走的实验。自称无方向感的人最初不能很好地使用地图，一会儿往左，一会儿往右。当向他们简单介绍使用地图的小窍门后，立刻就能灵活使用地图了。

在某少儿节目中，在教一名小学 6 年级女生读地图时，最初也迷糊，但后来就能顺利地走完预先设定的道路。即使自称无方向感的他们，一旦学会使用地图就发现不是件很难的事情，只是没有学习要点的机会罢了。

很多人不擅长在户外使用地形图，其实常使用的符号种类最多也就 100 个，而且其中多数还是象形符号。如叶子尖的针叶树，用符号"∧"表示；叶子圆的阔叶树，用符号"Q"表示；茶田用符号"∴"，表达方式就是模仿茶籽形状。

而且，地形图的符号中很多是表示街市上的建筑物或道路特征的，户外可能会遇见的符号也就 40 个左右。其中，重要的也就 20 个左右。最初有必要记住一些，再说住它们也不算是件很难的事儿。

多数人对地形图中等高线的判读能力弱。的确，用实际中不存在的平面线来表示立体的地形，形成这种意识需要一定的知识和必要的练习。即便如此，正如第 3 章中陈述的那样，基本的要点就几个，只要掌握了这些要点，在户外读取必要的地形图是完全可行的。

在1~4标●处，有10名登山队员，要求他们确定自己所在的位置。结果如上图（黑色与绿色的○和×分别表示登山队员所在的位置）。大约半数回答接近正确位置，也有回答偏离正确位置很远的。

亲近地图

地图难

另一方面，认为地图难懂、不擅长阅读地图的人也不少。事实上，不能很好地使用地图的人很多。

举行读图讲座和在山上的读图指导时会有深刻体会。曾经带着大学里的登山队员，在山的背面边走边在地图上确定自己所在的位置。各处地点正确的只有半数。每次都有几名队员所在位置明明不在某个地方，却简单地认为是在那个地方。

某大学老师对500多名登山者、徒步旅行者进行调查，看他们在山上把握自己位置的准确程度、对目标地点的方位辨识程度等。该调查在数千米的山路上共设了10个以上的地点，然后让受调查者在地图上指出自己所在的地点。有的人第一个地点就错了，其他的全都是在错误的判断中完成调查的。

上述实例都不是初次登山者所为。从这些实验中可知户外地图阅读的难度。

心理学的某些研究也能显示出地图阅读的难度。

在美国的自然公园里做过这样的实验：实验对象为36人，实验内容是使用地图在公园里进行越野竞走，途中有10个岔道。结果发生在岔道选择上的错误比例平均为1.75次。9名受试者发生3次以上选择错误，2名受试者发生6次选择错误。在正确率最低的第4个岔道口问受试者，回答"不知道在哪里"的有9人，回答"认为在第6岔道口"的有7人。

在标识比较明了的公园内的路上还发生这么多错误，如果在一般的徒步远足路上，阅读地图出错的概率一定会更高吧。

在山中实践用地图当然重要，在家里动手用心进行地图信息的读取练习也很重要，多进行这样的练习是提高读图能力的王道。

为了更好地使用地图

从原理上说，很容易的地图阅读却成了难事的第一个原因，在于判断地图的自然环境特征。自然环境中几乎没有像街道里有的那种地名标识，也没有大楼或铁路那样清晰可辨的人工造物特征。即便是道路，描绘的难以判断、模棱两可的情况也很多。这样的特征使阅读地图成为难事。

第二个原因在于原理与技术是不同的。比如考虑一下所谓的减肥（减量）吧。其原理非常简单，消耗掉的卡路里比摄入的卡路里越多就越瘦。但是，实际情况是经不住喜欢的食物的诱惑等原因，减少摄入的卡路里很难，又没有养成运动的习惯，增加卡路里的消耗就困难。道理其实很简单，但变成行动却很难。

阅读地图的难度与之非常相似。阅读地图并熟练使用地图的道理并不难。但是，只有知识，并不能变成会使用地图。为了能在户外会读地图，不管在什么样的环境里都能下意识地使用原理，则需进行必要的训练。需要头脑理解，也需要用手用眼，不管在什么样的情况下都能从地图中读取必要的信息。

使用地图乍一看容易，实际却很难。首先要把本书里提到的要点很好地装进大脑里，其次要通过手眼配合进行练习并加深理解。在此基础上，再到户外去实践。在实践中使用原理，看会遇到哪些问题。只有通过体验，才能逐步适应多种多样的场面，这样就能学会使用地图了。

Practice makes perfect！

（熟能生巧！）

使用地图的比赛游戏

像许多运动与游戏因生活需要而产生一样，在户外活动中，进行不可缺少的阅读地图技术比赛游戏是快乐有趣的。使用地图进行探险导航运动在第8章中会进行详细介绍。这里先介绍一种在室内可以进行的地图阅读练习的比赛游戏。

寻找符号的比赛游戏

复印地图的一部分，在上边寻找特定的符号。作为与户外活动有关联的符号，开始就找标记的实物位置吧。先考虑一下要寻找的实物有什么特征，多分布在现实中的哪些地方。在快速寻找的比赛中，找出某种特征物与另一种特征物的关系，阅读地图不可缺少的知识在不知不觉中就被掌握了。

使用右边的地图，进行比赛游戏吧。

"预备—开始！"

理解地图符号，能够通过地图推测出户外场所的实际情况，在游戏中记住这些符号。

判断是山脊还是山谷的比赛游戏

辨别山脊与山谷是阅读等高线的基础。正如第3章介绍的那样，识别山脊和山谷，需要寻找高的地方，有时找不到高的地方，或者地图上有很难懂的等高线，但是这种地方也会有线索。选择那样的地方，进行辨识山脊和山谷的比赛游戏会很有趣。如右图中标●位置，是山脊还是山谷？

从村落和水田的符号判断，地图的左上部地势低，因此，标●位置的等高线朝向低处凸起，那么这里是山脊吗？但实际不是。

③ 地图的种类与特征

[地形图]

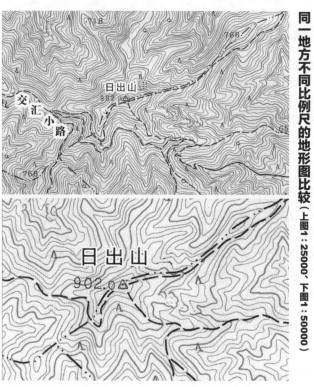

同一地方不同比例尺的地形图比较（上图1：25000、下图1：50000）

比例尺为1：25000的地形图相对可以细致地表现出道路特征，等高线密集且间隔窄。

在日本，正式地形图是由国土地理院发行的1：10000、1：25000、1：50000这三种地图。特别是在登山中常使用的有1：25000和1：50000两种。1：25000地形图、1：50000地形图是其他登山地图的基础地图，但它又不是专门为登山和远足绘制的地图，所以登山所需信息并非无一遗漏的都有。

当日往返的登山，使用1：25000的地形图比较合适，若用1：25000的地形图表示1：50000地形图相同面积的地方时则需要准备4张。因此，沿着山脊纵向走的长距离登山使用1：50000地形图更适合。

日本几种常见的登山地图

日本登山用地图几乎被昭文社的"山与高原地图""EARIA 地图"系列垄断了市场，另有北海道地图社专注于专业登山运动员用的地图，仅限于山地区域。最近，又增加了运用数码技术 DIJIES 电脑社的"快乐地图"可供选择。

"山与高原地图"系列

说起登山用地图，此系列就被人们想起，几乎成为登山用地图的代名词而存在。主要路线的实际行走自不必说，就连水域、山上的小屋、线路所需时间以及线路全程所需的信息等无一遗漏地登载于图中。除了一部分大的山域外，多统一用 1∶50000 比例尺，地形也比较容易读取。但是，等高线是根据地形图重新绘制的。（1∶50000 地形图表示的地物信息没有 1∶25000 地形图那样详细。）

登山路线用红色实线表示，难的路线用红色虚线表示。路线大致正确，但是各处过于简化，有的地方甚至不准确，会让你觉得"唉，怎么会这样？"

"EARIA 地图"是现在日本市面上卖的三种地图中唯一一种使用防水纸印刷的地图，完全防水，比一般的地图结实很多倍，正常使用几乎不会破。但是，有一个缺点需要注意，因为摩擦会掉颜色。

"快乐地图"系列

以日本国土地理院的数值（数字）地图为基础，通过电脑处理进行制作的地图，等高线很细、色彩很鲜明（高度不同、等高线的颜色也不同，详细可参照 57 页），更容易、直观地把握山域的地形情况。

另一方面，尽管加入了标尺，但是没有比例尺标示，表示登山路线较粗，再加之其周围是白的，因此对路线附近的地形把握有点难，这也是作为地图使用的难点。

登山线路分 3 段，有"主要登山线路"和"辅助线路"。还有一种"传闻线路"，这种线路不是"根据国土地理院测量结果，而是根据传闻大概记入的。"从"传闻"这

EARIA地图

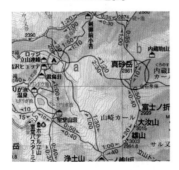

快乐地图

一命名，可以想象这条线路的可信度和可利用度，因此有点伤脑筋。

这种纸质地图虽然比较结实，但是折痕处容易破损，这点需要注意，而且还没有防水性。

现在，日本发行的地域地图中，不仅包括登山图也包括休闲和世界遗产地区图，而且还发行了地域英文版地图。特别是外国登山者比较多的英文版富士山地图的发行，格外引人注目。

"环山漫游地图"系列

北海道地图社的地图曾使用1：25000的比例尺，面积大小和用纸厚度是昭文社"山与高原地图"的一倍，是与传统地图不太一样的地图。根据实际情况，登山线路的长度为每10米一个单位，我个人对此抱有好感。可是，从实用的方面看，该系列的地图在山脊线一带被强风吹得展不开。

现在，该出版社制作了三款登山地图系列，并在市面上售卖。其中之一是鸟瞰图，作为地图，功能受限。此外，作为一般登山用地图，发行了北海道地域的"环山漫游地图"系列，比较详细的"（登山）突击attack"系列，只发行了北海道地区的。曾经的专注与专业的口碑，使该出版社至今还在地图行业中占有一席之地。"环山漫游地图"系列和"（登山）突击attack"系列使用的比例尺都是1：25000，比其他登山地图表示得更详细。

山崖和植物采取各自的表现形式，这让我想起了瑞士地图。在"环山漫游地图"上，登山线路分三段进行说明①一般道路、②难的道路、③面向有经验者或者废弃了

环山漫游地图

的道路。只是③几乎没有，实际只有两段。

这种地图也是纸质的，虽然比较结实，但是容易从折叠处破裂，也没有防水性能，需要注意。

比较以上三类地图

比较一下富山县的立山周边的3张地图可知，"环山漫游地图"系列的比例尺大，当然也细密，在道路的准确性方面，"EARIA地图"首屈一指。22~23页地图中用蓝色〇表示的部分中有不同，但是"EARIA地图"都是正确的。在剑岳周边，只有"环山漫游地图"标出了"难的路"。在"EARIA地图"和"快乐地图"的定义里，剑岳周边，"主要道路"用实线表示，而表示线路困难程度的状况正确性这一点上"环山漫游地图"中"难路"标示更贴切。

在各条线路所需时间上，各家地图标注的差异不大，不同在25%~30%。但是，从长距离看，不同就似乎可以忽略不计了。只有"快乐地图"上面没有记载线路所需要的时间，而是另外有所标记，在时间把握上需要花些工夫。

[示意图]

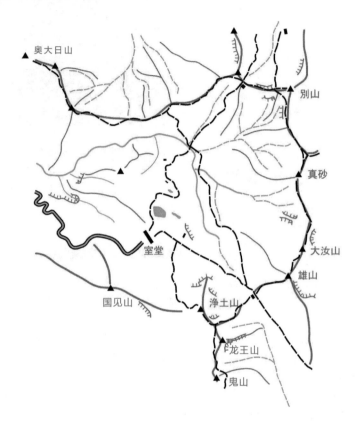

　　山岳指南书中也载有地图。最近常有大比例尺的折叠地图附在书内，书中的地图也是大比例尺的，信息量很大。附加地图中有与登山地图内容相近的记载，做登山计划或实际登山中对于行程把握是可以参考的，但是地形表现不充分，这一点与登山用地图存在同样的问题。

　　指南书中有地图，如不便把书带到山上，可只复印地图（仅限供个人使用），并充分利用。比如手头有山与溪谷社的"阿尔卑斯导游"系列的话，每个地域分别有约 30 册。每个登山线路的比例尺是 1∶25000 或 1∶50000，地图附在书中，完全可以把它当作登山地图一样使用。

　　指南书中还有如下页一样的导览图。有的登山者只携带这样的图（或者复印件）登山。导览图对于把握山域的大致特征有益，但是从中不能读取线路的详细特征并利用它做导航。

[导览图]

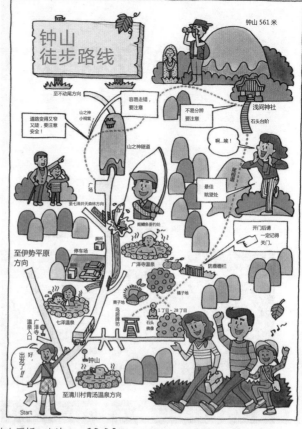

右图是免费的导览图（日本厚木钟山徒步路线。厚木市商业观光处1994年发行）。仅靠此图无法作为导航使用。

在登山入口处常有立着的大看板，上边有如上图那样的导览图。同样的广告宣传式的地图也配备在观光介绍所或游客中心。通过这样的地图能够了解山域的概要，但是由于准确性差、有的信息被忽略，且多只有地图绘制者想强调的信息。因此，第一不能正确把握位置关系和行程，其次，这样的地图也不能把握途中的地点和现在所在位置。这样的地图充其量只能做参考使用。

当然，免费发放的导览图中也有好的。有些免费发放的地图，以地形图为基础制成，完全能够判断地形。只是不了解这些地图的更新频率，上边的信息是新的还是过期的，需要注意。

总结

整体来看，不仅限于登山地图，日本的很多地图制作得越来越准确、易读。各出版社努力使地图的标注更容易读懂。另一方面，从户外活动使用的地图来看，利用有问题的广告宣传用地图、概念图进行登山或户外活动的人也不少。

也不是说示意图和免费发放的导览图就一定有问题。重要的是登山者是否能阅读地图、把握地图的精准度，使用与目的相吻合的方法。要从选择符合使用目的的地图、熟练使用地图开始。

④ 地图的获取与加工

从网上或书店可以买到去户外用的地图。如果要随身携带，方便起见建议先进行一番加工，可能原来的大小不方便，用纸虽然结实但不防水，所以带出去之前要先做如下准备与加工：

[折叠]

长方形的地图，原封不动，不好保管、携带，因此要折叠保管。这里介绍一种典型的折叠方法，通称"山脊折叠法"，这种方法既方便又简洁、紧凑，还能与相邻处连接，不过折叠有点儿麻烦。

"山脊折叠法"的折叠顺序

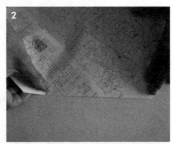

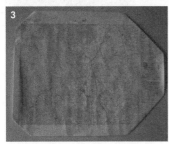
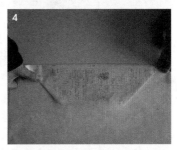

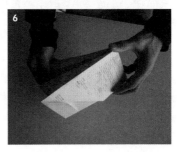

①通常的地图。②把地图四个角折成45度。③四角折叠后的地图。④再把图面周围折叠。⑤把四边折叠后，像屏风一样。⑥最后上下对折。

作为资料，笔者买了大量的地图，不能一一都"山脊折叠"。因为户外活动时，很少不折叠、原样带着出去，但又没有必要都折叠那么小，因此只折叠成四分之一大小。这样的大小正好能装进 A4 纸的文件盒里，收纳也方便。最好地图正面朝上折叠，携带时尽管会担心地图表面和别的东西因摩擦而弄脏，但从收纳盒里拿出来时能一眼看到地图正面。

把地图正面朝上折叠，这样能立马知道地图的名字。

[复印]

地形图与登山用地图不同，是根据经纬度机械地决定图面范围的，自己使用地图时经常要两张地图一起。有时，从面积来说正好一张纸面的大小，又恰好集中了四张地图的交界处，因此不得不需要四张地图。这就是地图中所谓的"墨菲定律"，需要的部分恰会出现在地形图的边上，如上述四张地图拼接的情况。

特别是蛇形道路，两张地图一来一往交替使用的情况非常麻烦，或者一张地图的折反面看不到。这种情况下，把地图复印了贴在一起用会比较好。

以私人用途为目的进行部分复印，最好彩色复印，这样可避免河流、等高线、道路因黑白复印而造成混淆。

需要注意的是，如果复印、折痕处经摩擦会导致脱色且彩印单价比较贵的话，可以考虑将实际需要的部分进行裁剪后拼接。

[拼贴]

　　可以按着地图的轮廓线进行折叠或裁剪，因为相邻连接处的一部分地图是重复印制的，没有分界线，所以拼贴要注意裁剪的位置。轮廓线上有经纬度，要裁剪相同经纬度的部分。进行拼贴时一定要仔细操作，免得出现裁剪重复或不足的情况。

　　尽管有些麻烦，但如果按下列顺序进行，会拼贴得很漂亮。

拼贴的顺序

在两张一样大小的地图中的一张上，按经纬度线剪切旧版地图，在地图表面的外侧有黑色短线。

把剪了的地图再对在另一张地图上，与原来做的符号处准确对齐，注意不要错位。

用胶带把两处固定住。

按顺序1在线的内侧进行直线剪切。要注意在另一张地图的轮廓线内。

把两张地图剪切的部分去掉，使两张地图的对接处正好吻合。

注意两张地图的对接不要错缝，再用透明胶带粘贴固定。

再在地图的反面用透明胶带粘固定。不要硬拉硬拽，要防止胶带歪斜。

最后去掉原来固定用的胶带就可以了。没有重复的旧地图，沿两张图的轮廓线剪切，然后按顺序6进行操作。

亲近地图

[嵌入必要的信息]

关于是否在地图上嵌入必要的信息，有赞成的也有反对的。嵌入山脊线和山谷线的，更容易了解山域的地形概况（参照第3章72页）。但是画上线会掩盖原有的内容。想把握地形的概况时，最好带两张地图，一张用于导航，另一张嵌入内容。

要把线路画进地图里时，用荧光笔或者透明的圆珠笔比较好。如果是为了读图练习的登山，最好在必须确认的、明显的特征上做记号。总之，路线或路线周围的重要特征，不要画上内容，以免特征被掩盖。

选择好的地图是探险导航的第一步

在 NHK 的少儿节目里，有机会教孩子读图。作为实验内容的环节之一，带着孩子们在东京的一般街道上看着地图走向目的地。有趣的是这个实验准备了六种地图，让参加实验的孩子自己挑选。在这些孩子中，一名是自认为爱活动、方向感觉好的五年级女孩，另一名是不擅长使用地图的六年级女孩。正如自我评价的那样，五年级的女孩不到 10 分钟就走完了 800 米路到达目的地。而六年级的女孩多次迷路，用了 40 分钟才到达目的地。

更有趣的是对比了这两位女孩选择的地图。两份地图的比例尺是一样的，但是五年级女孩选

从六种地图中选择一种你最喜欢的，开始行动。因选择不同的地图，会产生所用时间的差别。

择的是东京 23 区的分区地图，地图上道路的宽窄都标得很清楚。女孩回答选择的理由是，她自己认为"大路画线粗，容易看出"。

另一位女孩选择的是宣传用的示意图，回答选择的理由是"道路画的很具体，很容易懂"。

的确，宣传用的图清晰，看上去一目了然。但是，它却省略了一些内容或者有的内容不是很准确。因此，实际的道路不完整、岔路口信息不准确。使用宣传用的图时常会发生这样的情况。

相反，另一方面，详细的地图信息量多，猛地一看不容易阅读，但是道路的细处都能读取，迷路时对照地图立即就可以判断出自己现在的所在位置。

当然，使用详细的地图，需要有能够从繁杂的信息中读取自己需要的信息的能力与技术。实际在户外，读图达人在定向越野比赛中，日夜进行着从复杂的地图中能够简单读取信息的训练。

本书第 2 章以后介绍的读图知识，说到底就是教你从复杂的地图中读取你需要的信息的技术与能力。

[防水加工]

　　地图用纸一般是纸中比较结实的，一点半点的湿水不会破坏，其抗物理性的刺激也比较强。地图被水淋了会走形，但是不影响人们的探险导航。不过，在雨天还是会差些，而且粘上泥巴的部分就看不清楚了。为了防水、防弄脏，最好把地图放在透明的袋子里带出去使用。

　　市场上有卖各种各样的地图袋子，我经常使用的是像图片上那样的塑料袋（聚乙烯制的，厚度有0.08~0.1毫米），带封条的话就更好了。

　　塑料袋的优点是价格便宜、折叠方便。

装在带封条的塑料袋里的地图

市场上卖的硅酮制的地图袋子，结实程度和防水性都好，可以安心使用。其材质柔软，可以折叠到很小，不折不皱，能长久使用且环保。缺点一是贵，二是指南针放在上面不滑溜、不容易转动。

用透明胶带把地图两面全贴上，虽然无法在上边画内容，但是防水性就不用担心了。

　　登山时想多看几次地图的话，最好不要把地图放进背包里，而要放在口袋里或者容易掏出来的地方，由此容易折叠是很有必要的。一般市场上卖的地图盒稍微有些硬。

　　防水加工的另一个方法是将地图本身做成防水的。我的方法是用透明胶带。这种胶带宽5厘米，可以一条条地连续粘贴在地图上。当然正反面都要粘贴。贴完之后尽管铅笔和圆珠笔没法在上边写画了，但防水性是完美的。

　　塑料袋装地图手拿着容易滑，使用透明胶带就不用担心了。大面积粘贴工作量有些大，但当日往返的登山，在小范围区域里，这还是值得推荐的方法。

[携带]

你是如何携地图进行户外活动的呢？为了写作此书，笔者在读图讲座和远足时询问了参加的女性，包括冬天也登山的、具有登山经验的人，这些登山者一致的回答是"放在背包中！"。这种做法不推荐。人，不愿做麻烦的事情。地图放在背包里，不停下来卸下背包就能拿出地图阅读。当遇到情况，觉得"唉？"时，看不到地图，就会"那就算了吧"，也就不看了。如此，在有疑问的时候，地图就没起到作用。

简单的解决办法是把地图装在口袋里。户外衣服上有大口袋的话，就把装在塑料袋里的地图放在大口袋里。担心丢了的话，最好系上口袋纽扣。最好像照片一样，在背包带上加个口袋，把地图与指南针一起放进去。

在背包带上加一个能装进地图和指南针的口袋。照片上为了说明，把地图和指南针都露出来了，实际应完全装进去。为防止指南针脱落，还要拴上一条伸缩带子。

越野赛跑和探险竞赛时

在进行越野赛跑和探险竞赛中，阅读地图的频率会非常高。在山里进行越野赛跑训练时，每每要停下来看地图是很麻烦的，而且会影响速度。这种场合下，用手拿着地图最好。把地图放进带拉锁的塑料袋里，折叠也容易，拿手里也可以。这样的话，只要不是非常难走，手里拿着也没有什么不舒服的感觉。

拿在手里继续前行时，确认自己现在的位置，大拇指按在现在的位置上就可以。这样做，自己在地图的什么位置上很清楚，不用找。要看地图时立马就能把眼光放到要找的地方。这在定向越野比赛中，叫拇指辅行法。

拇指辅行法

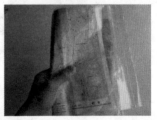

在山里边走边读地图时，用拇指按住现在的位置，这样在读地图的瞬间，很容易就找到要看的地方。

第2章

记住地图的基础知识

Basics of map

　　地图是由多种符号组成的，就像学习外语必须要记住单词一样，要熟练地使用地图，记住最低限度的地图符号是必需的。不过，也不必担心，户外活动时必须记住的符号数量不是很多。另外，很多人对"记住地图符号"没有充分的理解，比如说■=建筑物，仅此是不够的。那么，还要记住些什么呢？本章就此进行说明。

掌握地图基础知识时，带着地图户外活动时，进行地图与实际地形的对应练习是最好的。这种训练在某个山顶开阔的高台上进行是最合适的。

使用地图时指南针是不可缺少的，但指南针的磁针指的不是正北。在日本，指南针的磁针指的北（磁北）比正北向西偏5～10度（照片上的地图偏7度）。预先在磁北方向上画一条线，有助于更好地发挥地图和指南针的作用。

使用地图之前有几点约定希望能记住。

表示地图的基本符号就不用再说了，此外还有几个要点。地形图的图周边有整饰说明。就像不阅读使用指南也会使用电脑和软件一样，但是阅读了使用指南，对其性能会了解得更好，而且能够最大程度地提高效率。对地图整饰说明的了解也是这个道理。

本章中首先解说地形图整饰说明中最重要的项目，然后再结合图介绍具体的符号。符号是进行户外活动必要而且重要的内容，下面将分门别类地进行说明。

① 地图中约定俗成的内容

有研究表明，多数人不擅长使用地图，比较喜欢语音导航。原因是地图抽象，而且有太多约定俗成的内容。但是，要说约定俗成的内容，其实我们日常使用的语言中约定俗成的内容远比地图要多，但我们对此并没感觉。就地形图来说，地图符号大概有上百个。仅掌握同样数量的单词，大概只能进行日常简单的会话吧，而且多数地图的符号与实际的事物有象形的特征，多是容易记住的。

除地图符号外，地图上还有一些约定俗成的内容，但是数量不多。

地图中常见的项目内容

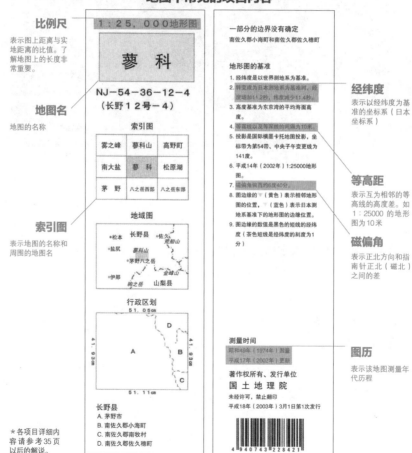

比例尺
表示图上距离与实地距离的比值。了解图上的长度非常重要。

地图名
地图的名称

索引图
表示地图的名称和周围的地图名

经纬度
表示以经纬度为基准的坐标系（日本坐标系）

等高距
表示互为相邻的等高线的高度差。如1：25000的地形图为10米

磁偏角
表示正北方向和指南针正北（磁北）之间的差

图历
表示该地图测量年代历程

＊各项目详细内容请参考35页以后的解说。

没有必要立马全记住。随着使用，一点点记住就可以了。记住地图约定俗成的内容，一定能有助于更好地熟练使用地图。

这些约定俗成的内容都记载在地形图四周的空白处。地图的内容固然重要，地图四周空白处的说明（即整饰说明）也要浏览一下。当然 1∶25000 的地形图都是相同的说明没什么变化，但是因地域不同也有差异（以下项目中带 ☆ 的是地图，地形图因地域不同而有差异的项目）。

[比例尺]

地图是现实物的缩小版，其缩小的比例就叫比例尺。本书主要使用的比例尺是 1∶25000，地形图的比例尺就被称作 1∶25000。这意味着现实事物在地图上被缩小成 1∶25000。反过来说，地图上测量长度的 25000 倍是现实物的实际长度。例如，地图上的 1 毫米，现实就是 25000 毫米，1000 毫米是 1 米，25000 毫米就是 25 米，也就是说地图上 1 毫米，实际上就是 25 米。

使用地图时，测量一下地图上的长度就能读取实际长度。这种情况下，一一去测量是很麻烦的，因此，像下面一样记住代表性的长度就可以了。作为参考，在登山用地图中经常使用的 1∶50000 地形图其长度关系如下表。

地图上与实际的长度关系

地图上的长度	实际的长度 （1∶25000）	实际的长度 （1∶50000）
1毫米	25米	50米
4毫米	100米	200米
10毫米（1厘米）	250米	500米
40毫米（4厘米）	1千米	2千米

[等高线]

等高线是表示地形图的重要符号，第 3 章会详细涉及。

在户外，几乎没有像都市里那样有人工制造的明显标识，而可依赖的、有特征的标识就是表示山顶、山脊和峡谷的符号，表示这些符号的就是等高线。

等高线就像它的名字那样，是连接同等高度地点的线。而且，每不同高度就画一条线，其不同高度间的距离就叫等高距。如 1∶25000 的地形图，等高距是 10 米。因比例尺不同或地图种类不同，等高距也有差异。如 1∶50000 的地形图等高距是 20 米。登山用地图的等高距也多是 20 米。因不同等高距表现出的地形详情不同，不管特征程度多小，记载都会有变化。

[磁偏角★]

指南针指的是北，这是小学就学过的知识。准确地说，指南针指的是磁北极方向，而不是正北。

指北与正北是不同的。在日本一般大致向西偏 5~10 度。在本州中部大致偏 7 度。这个方位叫作指南针方位，与正北偏出的角度叫磁偏角。

地形图的纵线和边线表示的是正北，为了与指南针对应而不使用边线和纵线。了解指南针的方位与使用指南针读图是不可或缺的信息。这一点也写在标注里。

在必须正确使用指南针的活动中，如上图所示，最好提前在地图上画出磁北线。如何画出磁北线，请参照 103 页相关内容。

写有磁北线的地图

磁北 正北

磁北与正北的关系

[图历★]

日本 1∶25000 地形图于 1910 年绘制完成，自此至 1983 年，日本完成了全国所有地形图的绘制。之后，城市地形图大致每 5 年修订一次，山域地形图大致每 10 年进行一次修订。

描写地图绘制的履历叫作图历。特别重要的是最新更新时间。地图的成图时间越早，地图上的信息就越旧，而现在实际上变化的可能性就越大。

地形的变化很小，但是电线、林道等，对于探险导航重要的、明显的特征物却在不断建造增加。因此，只有了解最新的更新时间，才能把握变化的程度。

索引图		
雾之峰	科山	高野町
南大盐	科	松原湖
茅野	八之山西部	八之山东部

日本国土地理院发行的地形图空白处有如上的索引图，周围的地形图名一看就明白，很方便。

[地图名与索引图★]

地图的空白处写有地图的名称、周围的地图名。还包括 1∶200000 地势图的名称也写在上面。看了这个就能知道周围与之相连接的地图是哪个。

[经纬度]

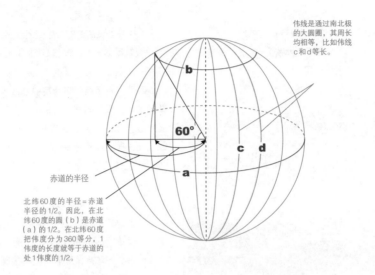

伟线是通过南北极的大圆圈，其周长均相等，比如伟线c和d等长。

60°

赤道的半径

北纬60度的半径＝赤道半径的1/2。因此，在北纬60度的圆（b）是赤道（a）的1/2。在北纬60度把伟度分为360等分，1处1伟度的长度就等于赤道的1伟度的1/2。

a b c d

地图上的所有地方都能用经度和纬度来表示。笔者的研究室位于北纬34度57分56秒、东经138度25分58秒。反言之，有了这些数值和地图，任何人都能来到笔者的研究室。

即使不知道经纬度，通常利用地图也不会有什么影响。但是，现在能通过GPS接收器了解自己目前所在位置，这一技术也被运用到了户外活动中，要最大程度地利用这一技术，经度和纬度知识也是不可或缺的。

纬度是表示从赤道往北侧或往南侧所在位置的坐标，赤道北侧的叫北纬，南侧的叫南纬。把赤道到北极和南极分别平分为90等分，北纬、南纬都是从0度到90度，各

自为半圆，所以地球纵向一周为360度。

经度是表示东西方向的距离坐标。因为没有像赤道、南极、北极那样的绝对基准，所以就以英国格林尼治天文台为0度，以东为东经，以西为西经，分别为180度。因此，地球横向一周也是360度。东经180度和西经180度是同一个地方，在太平洋中。

绕地球一周，赤道一周长于纵向一周，但都大致为4万千米。所以90度约为1万千米（这不是偶然，千米和米的单位就是根据地球的圆周为单位来制作的，这是理所当然的）所以，纬度1度约等于111千米。

如上图所示，赤道上1度也大约是111千米。

北（南）纬 × 度数，其长度就是 111 千米 × cosα。比如北纬 60 度，cos60 是 1/2，1 度的长度大约是赤道的一半。假设日本的位置是北纬 35 度左右，东经 1 度的距离大约是赤道的 0.8 倍，也就是 89 千米。

*

千米下面的单位是米，北纬和东经的"度"下面是"分"，再下面是"秒"。"分"是 1 度的 1/60。这种关系与时间的时、分、秒是一样的。1 秒是 1 度的 1/3600。北纬大约 30 米，东经因纬度不同大致为 35 度，是赤道的 0.8 倍，大致距离是 25 米，记住这个长度，运用 GPS 时会有用。

可是，表示经度和纬度的基准（这是日本坐标系的叫法）不是一个。前边提到过，我的研究室纬度是北纬 34 度 57 分 56 秒，经度是东经 138 度 25 分 58 秒，应该是正确的"世界坐标系"写法。这里特别说明一下，旧的日本地图中地形图的表示法用日本独自的表示法，所谓的 TOKYO（东京）坐标系。但是，随着 GPS 的普及，希望使用与世界一致的表示法。近年来，地形图也是按照世界坐标系基准来表示经度和纬度的。

以前的 TOKYO（东京）坐标系与现在的世界坐标系（GPS 接收器显示为 WGS84，大致与新的世界坐标系相当）的东西南北各自相差约 300 米，其数值因场所不同而异。

我的研究室的经纬度用 TOKYO（东京）坐标系表示的话，就成为北纬 34 度 57 分 44 秒，东经 138 度 26 分 09 秒，与世界坐标系的差别，经纬度都差 11 秒（纬度差约 330 米，经度差约 280 米）。

专栏
Column

因迷路导致死亡的事故

曾经有些遇难事故多发生在高山或冬季登山的恶劣环境下。然而，随着中老年登山者的增多，现在于当日往返的轻松路线山域发生遇难的事故也在急速增加。这其中多是因迷路而发生的。

与高山相比，低山里有野兽出没的道路和人工作业道路更多，登山者更容易误入正确登山道路以外的岔路，因之迷路而导致遇难。

尽管遭遇迷路的事故人多数被平安救出，但其中也有迷路后发生坠落，最终导致死亡的。2007 年 11 月 18 日，在埼玉县的三峰山周边发生过一名男性遇难死亡的事故。

该男子用手机给家属发了"迷路了"的短信后就失联了，2 日后尸体被发现。通往遇难地点，有一条废弃了的路，在路口有提醒注意的看板，但是可能他没有看到吧。

要把握自己现在所处位置，需保持行走在正确的道路上。防止迷路的最好办法是把犯错降到小化。

② 重要的户外符号

地形图中使用的符号大约有 100 种。笔者本身也没有全部记住，好在符号中多数是城市里的，而且被分成建筑物、道路、铁路等类别。再说，户外活动总是有一个主要目的，也没有必要把全部符号都记住。

下面根据户外活动使用地图的情况分几类介绍符号：①最低限度要记住的必要符号和重要标记符号；②记住这些符号就容易联想起所在地方印象的符号；③不是太重要但户外活动可能偶尔会遇到的符号。

[徒步道路]

因为是宽度不足 1.5 米的道路，所以车辆无法通行，主要标记为登山、观光和休闲娱乐活动经常使用的道路。

图例中标注为不足 1.5 米，但实际超过 1.5 米的登山路或远足路也不少。不可完全相信地形图中的徒步道路，登山时走的这条路，但是地图中却没有标注，而地图中标注有道路的地方，但实际却没有的情况也是有的。1.5 米宽当然只是一个基准，这一点，登山时要尤其注意。

"不能完全相信地图上的徒步道路"，这一点经常登山且有经验的人也认可。认识到登山道路的准确性生死攸关，制图者必须不断努力提高其可信性。有些权威的、值得信赖的制图方发布的地图现在已经达到满意的水平了。不过市面上的些地图还不能完全准确反映。利用 GPS，加之现场调查，希望市面上的地图能都尽早地准确反映现实存在，并在登山道路的精度上公开发表信息。

宽度不足1.5米的道路

宽度挺宽，但标注的却是不足1.5米的道路

女子身高大约1.6米，a图上的道路明显超过了女子身高。在森林中比较好走的地方，如b图所示，随处都有岔道，容易迷路，千万要注意。

小车道
（宽度为1.5~3米的道路）

森林不连续，表明有道路

小车道以上的路，即使看不到路本身，如上图所示，森林断开了不连续呈直线状态，且能看到斜坡，表明有道路。

这个符号表示的是路比较窄，但能通小车。有的路铺修过，有的没铺修。山中林道都用该符号，宽度在3米以上，未铺修的道路或有专门限制车辆通行的道路，也用这个标志符号。其中也有道路快变成废道的情况。标注了这个符号，会有某种痕迹。尽管是在山里边，但是也有不少新建的林道，地图上却没有显示出来。

小车道不能直接看到，如果有斜坡，其周围生长植物不连贯，可以认为有道路存在。

宽度为1.5~3米的道路

符号例子

══════	4车道以上
──────	2车道
──────	2车道
┄┄┄┄	轻车道

单车道
（宽度为3~5.5米的道路）

大多是会车时通行不困难的路，也基本铺修过。

同样的宽度，有的是国道标志而有的用颜色路标。不过现地没有特别的不同。

宽度为3~5.5米的道路

与右上图最下面的图比较路有点窄，在地图上符号为单车道。看清楚这条路比较难，但不要太敏感。

[输电线]

输电线

指的是从发电厂输送高压电流（2万伏以上）的电线，为拉电线而架设的高铁塔，这在山里很显眼。

符号并没有标注铁塔的位置，但是输电线转弯处肯定会有铁塔，跨越山脊时一般大多会有铁塔。这些都是在山中确定自己现在所在位置时重要的特征物。

因为输电线有不少是多根线平行延续的，注意不要搞错。

大学里徒步旅行的学生告诉我，曾有过因对输电线的错误判断，从眼前的山脊下山失败的例子。现在不断有新的输电线被架设，地图上没有而实际途中时常会不期而遇的情况也有发生，这一点也要有思想准备。

[等高线]

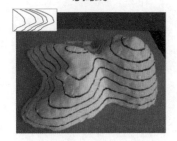

等高线

等高线如同其名称一样，是把高度相同的地点连在一起的线，是表示地形的符号。像等高距那样很好明白的是每隔5根线就有1根加粗的，这根加粗的线叫计曲线。一般的等高线大多为首曲线。

另一方面，未达到1个等高线的凹凸地形，用间曲线来表示。等高线表示什么，如何读取其内容请参见第3章。

等高线当然不是在户外绘制的，右图表示的是在黏土制作的地形图模型上绘制的等高线。

[建筑物]

建筑物

山里，除了小屋等几乎没有其他建筑物，其实建筑物在户外是很醒目的标识。

同时，可以眺望高山的山脊，山脊上有小屋也是确定位置的重要特征物，很有用。

不过，一般很小的避难小屋地图上是不会标记的，这点需要注意。

[信号塔]

　　信号塔，主要指以发送及接收电视、广播信号为目的而建造的塔。

　　多建在低山的山顶，而且很显眼，所以常成为把握现地的标识。手机电话的信号发射塔也用信号塔的符号来标记，而且大多是近10年内才新建的，尤其是山区地带，大多还没有被记载到地图上。

[高塔]

高塔

　　高塔，主要是指瞭望台、短边在20米以上的输电线铁塔，目标物比较少的区域里一般有消防瞭望楼和给水塔等。

　　在地图上见到的话，也就是有那么一个显眼的东西，多数标记的不是很大。也有实际上有，但是地图上没有记载的情况，需要注意。

在特征物少的老旧村落里，这种小的消防瞭望楼也被当作高塔标注在地图上。

[河流、水池]

河流

　　河流随处可见，而且即使地图上没有标记，却实际存在着，河流在地图上没有端点，因此在判断自己所在地的把握上利用价值有些低。不过，一定宽度的河流转弯处可以作为特征物加以利用。另外，除了人工水池等水流之外，河流在谷底流淌，可以作为读取等高线的线索。

水池

　　另一方面，够一定程度大小的水池和湖泊会明显标记，而且一般数量也不多，可以成为特征物。我的一个朋友为了从日本穗高岳附近的西穗山庄去新穗高温泉，准备朝着索道方向下山，实际上却去了相反方向的一个高地。等见了正面的山和谷底宽度的不同，才惊呼"原来记忆的情况与实际的样子不同啊！"。见了上高地的大正池，才清楚地意识到自己搞错了。

[防沙堤]

防沙堤

一般被称为沙防堤的建筑物，不仅在河流中间有，在山间、没有河流的山谷里也常建造。在山间步行时，根据防沙堤可以明确判断自己所在的位置。此外，当下还在建设的别的人工建筑特征物，地图上虽然没有标记，但实际上存在的情况也是有的。

[神社、寺院]

地图上没被标记的小神社

表示神社和寺院等建筑物的符号是黑色长方形。能够碰见神社和寺院时，一般就很少会迷路。因为有神社和寺院的地方，自己所在地方的位置就相对很清楚了。不过要注意，山中还有一些小的神社，它们大多在地图上是没有标记的。

神社

寺院

[瀑布]

瀑布

瀑布是河流在某个地段垂直流下时形成的，沿着山谷走的话，这是一个很明显的标识。即使看不到瀑布的身影，也能听到瀑布的声音，知道有瀑布的存在。它的符号是线与点组成的，两个点表示水点。大瀑布的话，表示的点不止两个，会更多，但是日本很少有大瀑布。

这个瀑布地图上标记了，但有的地图标记的位置不同。有的瀑布比这个大，但地图上却没有标注。

③ 记住了就会浮现出来的符号

这节里接触到的多是植物方面的符号。

在日本温暖湿润的地区，即使农耕地，只要闲置，很快就成为荒地并回归成森林。因为休耕田多变成了林地，即使地图上清楚地标记了，在探险导航时也不一定完全能对得上。但是，只要知道了植物符号表示的是什么样的状态，从地图上了解其场所的印象就比较容易。这是因为了解那个场所的样子，对于读取地图信息起着重要作用。从这一点来看，记住代表性的植物符号很有必要。

注意，日本只有面积在75平方米以上的植被带才会被标记，小于这个面积的在地图上是不会被标记的。

[植物分界]

标注两种植物的明确分界场所的点线符号。

要特别注意阔叶林、针叶林和耕作地等分界地的符号。右图这里有清楚的森林边界，从远处也能看得到。

即使植物符号变化了，但是植物分界线没有标记在地图上，这种变化不能被清楚知晓的情况也很多。

另外，表示非耕地的符号不在植物符号中，不管阔叶林和针叶林的界线多么清楚，那里也没有标注。

植物分界

正面道路对着的森林（左侧偏黑）和淡绿色的茶田之间就是植物分界

[特定地区分界]

特定地区分界

高尔夫球场和自然公园等面积广阔地带的场所界线用此符号来表示，其位置上有的没有明显的栅栏等特征物，有的有特征物，这些都是阅读地图的线索。

近看，与一般的植物分界没有变化，有的会有栅栏。

正面道路对着的森林（左侧偏黑）和牧场的分界

[旱地、水田]

栽培蔬菜、牧草等作物的场所用旱地符号来表示。栽培水稻的场所就是水田。

视野好的山林里有耕地，在林中很显眼，虽然看上去像是闲置了的荒地，或者被种植了针叶林树木，但还是属于耕地，这种变化需要注意。

闲置的耕地

水田

旱地

[果园、桑田、茶田]

果树园、桑田、茶田与旱田和水田同样是开阔地，非常显眼，但是果树园的果树很高，容易被看成是"其他的树木林地"或者是广阔的阔叶林。

桑田和茶田一旦被闲置，就难与灌木丛区别开来。

果树园

桑田

茶田

像b图中茶田的大小规模，地图上没有标记，需要注意。

[针叶林]

针叶林是指杉树、柏树、松树那样的尖叶树林，多是冬天也不落叶的常绿树木，但也包括生长在高原上的红叶落叶松。杉树、柏树基本是种植的，林内的视野好，多容易通行。但是新种植地与灌木地区分并不明显。因为是种植地，为了管理和维护，多处有作业道路。针叶林因为树叶多数常绿，即使夏天也比阔叶林叶子黑绿，也容易发现；冬季里阔叶林落叶后就更容易区分了。然而它们的区别在地图上完全没有表现出来。

针叶林

针叶林（右边纤细一点的山脊）与阔叶林（左边粗犷一些的山脊）。但是，实际地图上并没有这样分开标注，二者的分界线虽然很清楚，不过其植物区别没有标记。

[阔叶林]

阔叶林就是宽叶树林。有一到冬季就落叶的落叶树，也有终年一直不落叶的树木（叫作照叶林）。落叶树林冬季落叶，所以视野很好。

林内植物比针叶林复杂，根据场所不同，容易形成灌木丛。特别是在夏季，与针叶林不同，登山路以外的林内通行困难。而且对植物有破坏的可能性，要尽量避开，不要通行。

地图上针叶林与阔叶林的区分是有的，但实际上的对应却比较困难。

阔叶林

杂木林中清爽舒适的远足路。与针叶林相比，阔叶林中光线好，明快，心情也爽朗。日本的针叶林多数是种植的，林内通行比较容易，但是头顶上的树冠比较密集，因此光线较暗。

[竹林、丛生竹地]

竹林

丛生竹地

在靠近山林的地方有竹林，在低山处能看到丛生竹林。因竹林个头不高，视野好，面积小，地图上不会被标记出来。

[高山松地]

照片与地图上的高山松地和荒地

高山松属于松树的一种，主要生长在日本本州中部大约2500米以上的高山里，因其自身高度不足1米，视野好，形成高山独特的景观。

在地图上正确区分开了高山松地（颜色浓绿部分）与荒地（颜色淡绿部分）。

[荒地]

荒地

荒地包括裸地、杂草地、湿地和沼泽地。基本上属于开阔地带，视野辽阔，但是随着季节不同，会有杂草丛生的情况。尽管同样是荒地，早春时节，作为雪场可以自由来回走动，而到了秋天，雪场多被狗尾巴草等植被覆盖，根本无法自由走动。

[湿地]

湿地

湿地多分布于高山湖的周围。虽然不能完全看见水面，但整体大致平坦，视野开阔。

以珍贵稀有动植物闻名的日本尾濑之原和雾峰的八岛湿原等在地图上都用湿地符号标记，不过只标记面积大的，湿地面积小的一般地图上不标记。

[土崖、山崖]

土崖

山崖

地图上只标记高度 3 米以上、长度 75 米以上的土崖和山崖。

山崖不能攀登也不能下行，这一眼就能看出。土崖因地点不同，只能看到陡的斜面崩塌的样子。有时很难判断看到的是不是土崖。很多场合下山崖好几个并列出现，其中也有用岩石符号标记的。像剑岳那样几乎全是由岩石形成的山体，究竟用什么符号如何对应，即使认真关注了也还是不明白。用此标记确定现在所在地位置比较困难，但是可以据此了解山体容貌的大致印象。

照片与地图上山崖的对比

由悬崖构成的山，在地图上，土崖、乱石堆等崖石符号——对应是不可能的。

[岩石]

岩石

一提起岩石就会想成大的岩石块，但实际上地表就是由岩石组成的。这里的岩石指的不是斜面很陡的岩崖。但是在山岳中，像图片中那样很陡的斜面用岩石符号来表示的情况也很多。说实话，就是笔者也不能完全把握岩石和岩崖的区别。

[乱石地]

乱石地

从文字表面就可以想象出乱石散落的场面。实际上，海滨沙滩等就是用此符号表示。在山里，不少地方像照片一样由乱石覆盖，这些乱石叫它岩石也不奇怪。

④ 其他符号

[三角点]

指测量的基本点，一般在高山的山顶。

在地图上非常明显，但实际上很多情况下是像图片那样的小石头标记，绝不是很明显，但对于确定现在所在位置很有用。

三角点

就像百座名山探险一样，三角点是测量时用的基点，很多情况下找起来比较困难，因此，寻找三角点很有意思。

[终年积雪]

如同文字表达的那样，指一年中始终有积雪的地方，也叫雪溪。日本白马雪溪、针之木雪溪都是有名的雪溪。高山中有不少一年中始终终积雪的雪溪，但其中有终年积雪标志的却寥寥无几。

终年积雪

登山者非常喜欢的白马雪溪，即使在夏天依然有积雪。

[索道]

尽管看上去索道与缆车、滑雪场的升降车各有不同，却都用同样的符号。即使看不到滑雪场的升降车，但由于是从林中直线切开修建的，也能够清楚地知道。同样，从远处就能看到缆车车站，加之利用指南针，就能成为把握现在所在地的线索。

索道

[有轨缆车（特殊轨道）]

同索道一样，几乎不会在容易迷路的山域里见到。

但是，与索道相同，加之指南针，也可以成为把握现在所在地的线索。

从远处就能看见缆车

⑤ 熟练掌握符号

了解没有出现的特征物

在当地很明显的实物，在地图上却没有标记。

记住地图符号的同时，还要知道哪些特征物在地图上没有标记。知道这些对于了解风景、对应地图是很重要的知识。不管多么漂亮、精致，没有向导功能的地图是没有购买价值的。

这里列举的是地图上没有出现的，但是却很明显的、具有代表性的特征物。

大石堆

[大石堆]

大多数石堆都不大，地图上没有标记也是理所当然的。

但是，像照片上这个很好的、像个纪念牌似的大石堆，地图上竟然也没有标记。

[避难小屋]

像避难小屋这样的建筑物在山中是很显眼的，地图上有时也不标记。

下图是奥多摩地区的三头山避难小屋。完全是很正式的房子，但在1：25000的地图上竟然也没有标记。

避难小屋

[亭子]

公园里很常见，如下图所示，是有屋顶和柱子的休息场所。

也有在山中建设的，作为休息用场所，非常显眼，但地图上也没有标记。

亭子

熟练掌握地图符号的三层意思

为了能够熟练使用地图，无论谁都必须记住地图的符号，这是众所周知的。事实上，必须记住的符号中，有三层意思，即"字典里的意思""印象中的意思"和"功能上的意思"。

"记住地图上的符号"时，多数人头脑中出现的是字典里的意思。但是，仅以字典上的意思来熟练使用地图中是不充分的。

比如，日语中有"万力"一词，字典上的意思是"夹着小的工作物件拧紧、使之固定的工具"，汉语意思是"老虎钳"。仅凭字典上的意思，在地图中见到"万力"，意思不明白了吧。还必须知道现实生活中"啊，万力！"的意思（即"印象中的意思"）。

字典中，这样的用语，一般也会配上插图，这是为了加深印象。可是，并非所有的"万力"都一个形状，与字典里的插图完全一样的才是"万力"，谁也不会这么想吧。必须认同即使形状不同，但是具有同样功能的工具都是"万力"。

进而，使用"万力"时，仅仅使用还不够，作为一款工具，还必须了解什么情况下使用它、如何使用它，这是"功能上的意思"。

*

可以说，地图符号也是完全一样的。

地形图符号■表示建筑物，这是字典上的意思。但有时候表示细长状态的住宅区（52页a图）、被树木围绕的居住地的符号中大的民宅或者农家院（52页b图），コ字型表示工厂或者学校（52页c图），这些都是"印象中的意思"。记住了"印象中的意思"，就能从地图中想象出现实物的样子。知道了徒步道路的实际样子，对地图符号的解释也就更灵活了。

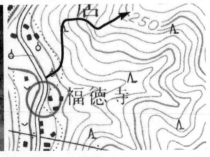

右图里有寺院的符号，因为是名寺，所以地图上做了标记。寺院作为建筑物，我们确实能够把握它，从它前面通过，我们就能确定现在的位置，对于寻找不明白的登山路口很有帮助。

地图符号的三层意思

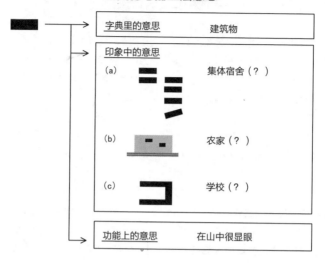

拿探险导航来说，其"功能上的意思"，就是要记住如何使用它。

在都市里，有些建筑物是不能成为把握自己所在地的线索，而在山中，因为很少有建筑物，所以可以通过小屋等建筑物来确定自己所处的位置。也就是说，建筑物在都市里对于确定自己的位置没有多大作用，而在山里却有很大的作用。"山中的建筑物对于确定现在所处位置很有作用"就是"功能上的意思"。

只要了解了地方的实际样子、记住了"印象中的意思"就足够了。

不过，记住探险导航"功能上的意思"，对于熟练使用地图是不可或缺的。

看一下地图的图例，有"字典里的意思"。"印象中的意思"，参照本书上的照片也能有某种程度上的理解。

但是，徒步道路实际上也是各种各样的。什么范围的徒步道路在地图上有标记，这主要凭在现场将地图与实际情况进行对应的经验积累。

关于"功能上的意思"，实际体验的作用很大。前面已经对主要的地图符号进行了"功能上的意思"介绍，这只是一个例子。哪一种意思，在什么情况下起作用或者不起作用，这只能花时间去学习。只是，要有"这个符号在导航中有什么用？"的意识，掌握了"功能上的意思"介绍，才能对导航起到作用。

地图是如何绘制的

明白了机器的结构就能最大限度地发挥好、使用好它的功能。同样，了解了地图绘制的方法，就能最大限度地使用好地图。因此，下面简单介绍一下地图的绘制方法。

如果是绘制自家周围的地图，那么大致的方向和距离用眼目测一下绘制到图上就可以了。但是，如果绘制日本全国地图，用眼目测，那恐怕做不出准确的地图吧。首先必须要在日本全国设置测量的基准点，对位置、标高进行精密地测量作业。测量工作完成后，再根据各种位置关系的框架，确定特征物的位置，进行特征物的标注作业，现在的地形图基本就是这样绘制成的。

过去与现在的地形图

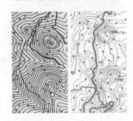

左边是过去的地形图，右边是现在的地形图，一眼就能看出等高线明显不同。

活用户外地图不可缺少的是判读表示地形的等高线，以前曾是根据大致的草图（测量员的实地观察）绘制。那时，常有这种说法"如果不能绘制山的背面就不能称为测量官"。后来，等高线画熟练了，不到山的背面去也能正确推测绘制出来。山谷的方向变化具有一定的地质学法则，大概是测量官根据经验，学习掌握了这一法则、规律，并利用其规律就绘制出了等高线吧。上图是日本现在和过去的地形图，一眼就能明白过去地图上的等高线是多么的糟糕。

另一方面，现在的地图是利用航拍照片进行图画制作而绘制成的。航拍是指距地面6000米高空，用飞机上的专用相机拍摄照片。

用于测量的航拍，飞机的飞行路线必须与前一次路线横向重叠30%、纵向重叠60%。前后两张照片并排在一起，60%的内容应该是一致的，因拍摄地点不同，视角也不同。拍摄物的高度越高（与相机的距离越近），看上去就像是几乎贴近了物体拍摄（参照下图）。根据拍摄情况的远近，一张没拍到高度信息，另一张可以拍到。利用这个测量标点，然后画出等高线，就形成了现在地图的等高线。

当然，航拍照片里看到的不是地面原物的样子，多数情况下看到的只是树冠。不过，树的高度可以进行推测，有大的变化时也能一目了然，从树冠的高度能够大致知道地面的高度。因此，小的山脊和山谷被掩埋，没有标示出来，但主要地形的等高线是没有问题的。

用航拍照片制作的地图，因为是从空中拍的，信息相对比较准确。同时，也有航拍拍不到的内容，依然要靠实地考察，而且未必有登山道路。因此，航拍照片没有拍到的（不好拍）森林中的徒步道路精确度比较低。

a位置的照片　b位置的照片

因为高度相同，所以拍摄的间隔距离也相同

拍摄在高点上的物件距离更近

摄影范围

航拍照片的图画原理

第3章

等高线的判读

Contour lines

　　等高线是地图符号的一种，在户外活动的地图判读中占有重要地位。有与判读地图其他符号不同的技术要求。很多人对此不擅长，其实原理很简单。只要掌握了要点，再加上确实掌握了原理知识，并多加练习，基本都可准确地判读等高线。本章就向初学者简单易懂地解释说明等高线的原理和判读方法。

把照片的山峰用等高线来大致表示就是图a，沿着山脊画等高线就是图b，图c是实际的等高线。

在便于远望的地方，把地形图与山脊、山谷对照判读，是训练判读等高线的最好方法。

判读等高线是熟练使用地形图不可逾越的门槛。想象某地区的样子自不必说，在进行探险导航中，在很少有人工建造的特征物的自然中，等高线表示的峰顶和山谷将成为最可依赖的特征物。这些特征物能不能被利用好，决定了在山中能不能安全地活动。能够判读等高线，就能想象出这一地区的地形情况，就能利用地形这个最可信赖的特征物。下面就分步骤进行等高线判读的解说。

① 地形的表现方法

瑞士的地形图

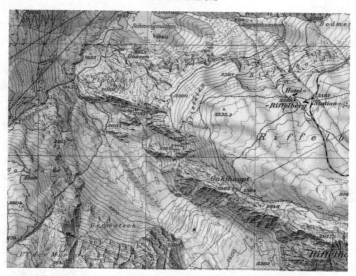

以优美的表现力而闻名的瑞士地形图。使用模糊色和植物相应的颜色使地图更有立体感。

　　表现地形的地图样式多种多样，其中等高线是最能准确而且详细表现地形的符号。不过，等高线有唯一一个短处，就是相对于其他能够直观地感知地形高低——山脊与山谷表现法而言，判读等高线必须要具备一定的知识与技能。

　　根据笔者的调查，询问教育学部的学生"是否擅长判读等高线？"，其中 2/3 的人回答不擅长，回答擅长的人不足 10%。另外，询问初级登山者和中级登山者，回答判读等高线后大脑里能够浮现出地形印象且很有自信的人大概只有 20%。

　　从这样的调查结果看，说明等高线的判读对多数人来说是比较难的。而且，即使有自信并回答能浮现地形印象的人，也不能在地图上准确画出山脊线和山谷线。更不用说在户外，仅靠等高线来确定自己所在地位置的人也只是少数。

　　也许是为了解决不擅长判读等高线的问题吧，登山用地图在地形表示上，除了等高线外还增加了模糊色，和彩色并用。瑞士的地形图因漂亮而出名，也是在等高线上使用模糊色技术，在地势低处使用森林绿色系，高处使用岩石地带的黄色和灰色，出现了不同色彩效果。

地形的表现方法

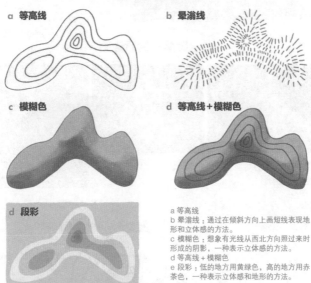

a 等高线
b 晕滃线：通过在倾斜方向上画短线表现地形和立体感的方法。
c 模糊色：想象有光线从西北方向照过来时形成的阴影，一种表示立体感的方法。
d 等高线 + 模糊色
e 段彩：低的地方用黄绿色，高的地方用赤茶色，一种表示立体感和地形的方法。

等高线的判读真的很难吗？一方面不擅长判读等高线的人很多，但是先前的调查又有对"能辨别出山脊和山谷""能够想象出鞍部地形"持有自信的人也接近半数。其实只要掌握了画等高线的每个地形要素，判读等高线就不是那么难的事情。

只是作为立体地形的印象有些难罢了。山脊和山谷的等高线平面图判读没有问题，要让脑子里浮现出立体的地形，就要理解等高线的原理，在此基础上使用其特征，让立体印象在大脑里浮现。在这一点上存在等高线判读的难度。

本章对不擅长判读等高线的人，分阶段、分步骤地进行判读重点的说明。现在对等高线能够自如地判读并能形成地形印象的我们来说，最初也是一头雾水。回过头想想，本章介绍的重点都是自己根据自己的方法并在使用中逐步形成立体印象的。

正如后边要说明的那样，等高线的原理其实非常简单。只是，实际中的地形复杂，原理不能被原封不动地使用，这样一来就变得难了。本章将练习问题与掌握等高线判读要点及实际使用原理方法一起进行说明。

② 等高线的原理

等高线的原理图

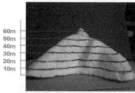

60m
50m
40m
30m
20m
10m

在地形图上画同样高度的间隔线

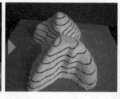

从侧面看

从上边看地图的等高线

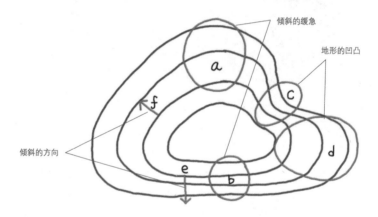

倾斜的缓急：等高线的间隔越大倾斜越缓（a），间隔越窄倾斜越急（b）。地形的凹凸：
等高线向高的方向凸出的地方，这个地方比周围低凹，通常是山谷或者沼泽地 c ）。相反，
等高线向低的方向凸出的地方，这个地方比周围高凸，通常是山脊（ d ）。倾斜的方向：
等高线的垂直方向表示斜坡方向，f表示向西北倾斜，e表示向南倾斜。

　　等高线正如文字表达的那样是相同高度的线，也就是说把相同高度的各点连接起来的线。正如地图符号一章（第 2 章）提及的那样，在 1：25000 地形图中，高度每增加 10 米就画一条等高线。想象一下如同海水每上升 10 米就有一条水际线一样。实际上，等高线的原理就是从海水涨潮和退潮现象得到灵感从而想出来的。

　　相同高度的线用同样高度间隔（等间隔）画线，不仅表示那个场所的高度，也表明那个场所的斜面方向。根据等等高线描绘的曲线，可以清楚地看出山脊和山谷的地形状况（地形）。再者，等高线的间隔还可表示倾斜的缓急。明白了这三个要素，就可以从细处表现地形的状况。

3 判读地形图的步骤

在户外读图的最终目的是判读等高线，根据其描绘出的地形图自由自在地在大脑里浮现出地形状况，然后导航并把握所在地的状况。要达到这样的目的，需要几个步骤和掌握判读的要点。

实际上地面上不会有等高线那样的线，等高线说到底是一条假设的线而已。因此，判读等高线不是读线，而是主要读线的形状和线的间隔，它们才具有重要意义。

本章将分①掌握地形特征、②掌握山脊线和山谷线、③掌握倾斜的不同，这3个步骤进行解析说明。最后用这些要素与实际风景对着进行学习。

如果能够确实掌握了②中的山脊线和山谷线，对应用就会非常有利，某种程度上能够形成立体印象，这在户外活动中是非常有用的。首先说说等高线判读。

从等高线判读并掌握上述要素之后，下一个目标就是从现实（实际的地形）中读取，与地图进行对应。

本章详细说明户外读图，尤其是在探险时使用地图时，地图与现实的对应是不可缺少的。在城里，铁路干线与建筑物等，地图与实物的对应关系多数都很清楚。

可是，在山里人工建造的特征物很少。因此，要确定自己所在的位置，确定自己的前进路线尤其有必要依赖地形。

所以，从等高线中判读地形，并与现实对应是很重要的。

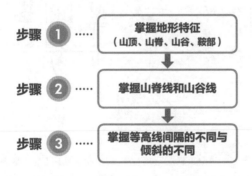

步骤 **1** ⋯⋯ **掌握地形特征**
（山顶、山脊、山谷、鞍部）

步骤 **2** ⋯⋯ **掌握山脊线和山谷线**

步骤 **3** ⋯⋯ **掌握等高线间隔的不同与倾斜的不同**

④ 判读地形特征（山顶、山脊、山谷、鞍部）

现实中掌握的地形特征

a、b是山脊，c、d是山谷，e是山顶，f是鞍部

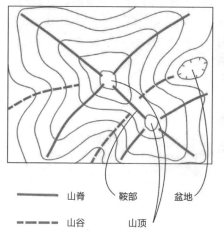

地图上掌握的地形特征

—— 山脊　　　鞍部　　　盆地

----- 山谷　　　山顶

在日本叫"××富士"的山很多，且都是圆锥形的山顶，山坡比较陡。类似这样的地形到处都有。可是，细看各个山又不完全相同。所有的山都由各自不同的独特地形构成。

然而其基本构成还是山顶、山脊、山谷、鞍部和盆地这五种。地形的这五种基础要素叫作"地形特征"。读解等高线的第一步是把这五种地形特征在地图上与风景实物对应。不过，在日本的盆地多是火山口和喀斯特地貌特征的地形，而且因为盆地不明显，实用上并不重要。

多种形式的山顶

用一条等高线画成一个圆来表示小的山顶。

用变化了的S形等高线表示山顶。

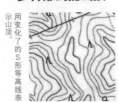

用细长的等高线表示山顶。

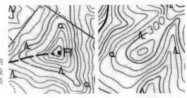

用封闭的多重等高线表示明显的山顶（左图）、等高线数量少的表示不明显的山顶（右图）。

明显的山顶（中）与不明显的山顶（左）。实际上，中间的山顶用两条等高线来表示，左边的山峰没有用等高线来表示，是一个高差5米左右的山顶。顺便说一下，照片的右边看上去是山顶，其实是与后边连接的山脊。

左　　中央　　右

［山顶］

山顶就是比周围高的地方，这很容易理解。

有比周围明显高的山顶，也有与山脊相连，其中一处高于其他地方的山顶。总体看，富士山顶比周围明显高，但只看山顶的话，其中有高的地方，也有低的地方。像剑岳那样，比周围高的地方就是山顶。

在小范围内用封闭的曲线（闭曲线）来表示山顶的等高线，这很容易明白（日本全国规模看等高线全是封闭的）。漂亮的圆形等高线很少见，事实上多是椭圆形、细长圆形的。尤其是极端细长圆形的等高线，看了地图也注意不到哪里是山顶，实际风景中与其说看出是山顶倒不如说看着像山脊。山顶的等高线越接近表示山顶的圆圈，等高线和风景实物越容易看出山顶。

容易看出山顶的另一个决定因素，是描绘那个地方的闭曲线等高线的数量。等高线数量越多，说明那个地方比周围越高，等高线和实际情况都很明显。

山顶在地形种类中是最好理解的，正像山脊和山谷在说明中说的那样，山顶还是判断和把握山脊和山谷的线索，所以要先找出山顶。

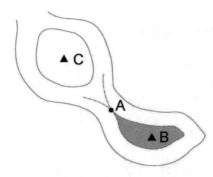

存在隐蔽山顶的原因

在图中C处，等高线表示有山顶存在。图A的鞍部比C处低。用虚线（实际地图上没有）表示高度与倾斜度一样的A点。虚线上突然出现地形的水平状态是不可思议的，所以，虚线围起来的茶色部分比A点高，因此，这其中某个点（假如说B点）处存在隐蔽的山顶。

可能有隐蔽山顶的地方

走在中间南北方向的山脊上，随处可见隐蔽的山顶。图中a和c处的等高线有些凸出，比较容易想象成山顶，而b处虽然没有凸出，但实际上却有隐蔽的山顶。这些山顶都不高（大致3~5米），步行其间，可实实在在感受到是在登山。有时会碰到高度差在10米左右的隐蔽山顶。

隐蔽的山顶

　　会有这样的情况，到实地发现某处比周围高，明明是山顶，但地图上却没有画出相应的等高线。这种"隐蔽的山顶"常见于山脊线上。只凭山顶的数量来把握现在所处的位置，会被隐蔽的山顶欺骗，从而造成对所在位置的错误判断。尽管山脊的等高线是凸出来的，但是却没有明显表示出山顶的等高线，这种情况下多数会有隐蔽山顶的存在。在山脊的分界处，即使等高线没有凸出来，也常会存在隐蔽的山顶。

　　因为等高线表示的间隔距离是10米，所以才会产生隐蔽山顶的情况。也就是说，高差在10米以内的山顶因为够不到另一条等高线，所以在另一条等高线上就不会出现。说起来10米的高度差不多有三层楼高，也不算矮了。甚至偶尔还有高度差在15米左右的山顶，但等高线上依然没有标示出来。因为有隐蔽的山顶，其周围也就理所当然有隐蔽的鞍部了。

　　所以，仅靠山顶读图，会因隐蔽山顶的存在从而导致判断上出现不可挽回的错误。

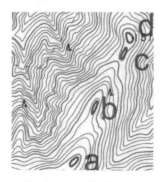

2004年，在安云野夜间探险导航比赛中，被地图上没有显示的隐蔽山顶愚弄了（*参照第8章探险导航比赛）。图中a处有隐蔽的山顶，这从地图的等高线上能够看出，而b处等高线细长，也有隐蔽的山顶却没有注意到，错以为是已经到了c处的山顶。想象到了d处前边比较高，但是，其前边c处有隐蔽山顶却是意料之外的。

等高线的判读

山脊的等高线及其照片

接多条等高线的凸出位置，这就是山脊，连从山顶（a）的反侧方向画一条线，连

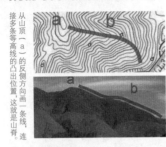

通过盆地寻找山脊

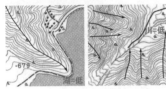

左图：湖区地势低，朝着湖区方向的凸出部分就是山脊（→线）。右图：同样，朝着盆地处的河流方向凸出的部分就是山脊（→线）。

区分高低使用的符号

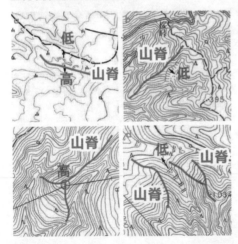

a：岩石的符号是不定型的，线连续的一侧地势低。b：崖处带胡须状线的一侧地势低。c：输电线自身并不表示高低，但是，输电线拐弯处必有铁塔。有铁塔的地方几乎都是山脊等高的地方，所以，有铁塔的地方高。d：堤坝（防沙堤）的符号是连续的线（实线），有实线的地方地势低。

[山脊]

山脊是山中连绵不断的高处，是看上去比周围凸出的部分。在地图上，从高处到低处用等高线来表示呈现为凸型，凸型处有多条等高线连续。

仅靠等高线的形状，很多情况下难以判断出山脊与山谷的区别。因此，先找到表示像山顶一样高的地方的等高线，再沿着此线从高处向低处（相反方向）寻找凸型等高线。

如果发现了像河流、水池之类的低洼处的特征物，朝向这些特征物的凸型就可以判断为山脊（但是，人工用水路不一定在低洼处，这一点要注意）。

初学者不进行这样实实在在的学习，很容易在区分山脊和山谷上犯错误。

*

除了山顶、河流、水池以外，还有区分高处与低洼处的符号，那就是地图符号中具有表示高低方向的符号。

具有代表性的是崖，如左边 b 图，连续的长线的一侧高，短线（像胡须）一侧低。

此外，防沙堤、瀑布也表示高低。还有输电线也是区分高低的线索之一。

左边四张图，是根据符号区分高低的典型案例，希望可以起到参考作用。

容易辨别的山脊与不容易辨别的山脊

山脊中有的容易辨别，有的不容易辨别。等高线的弯曲度尖锐（这叫作曲率半径小），且长长地连续的山脊容易辨别。相反的山脊（曲率半径大、短）不容易辨别。地图上等高线尖锐的，实际的山脊也尖锐，

在实物风景中很容易辨别。相反，地图上等高线舒缓的，哪里是山脊判断起来不容易。地图上显示尖锐的山脊，实地一看山脊果然是尖锐的，而等高线舒缓的山脊，实地去看也确实是模棱两可，不容易辨别。

部分等高线很清楚，部分等高线舒缓而且断断续续的山脊（左图）与等高线连续性很好的山脊（右图）。左图的虚线○的部分等高线的曲率尤其大，与其以下的山脊的连续关系不清楚。这样的山脊实际是很难辨别的，要注意这一点。

专栏
Column

上图：利用色彩和阴影所形成的强烈的立体感。
下图：在剑岳山顶，有三角点和三角点符号。

日本100年来的梦想

在第1章"日本常见的几种登山地图"中，比较了日本剑岳、立山及其周边的三种登山地图。这是日本国土地理院为纪念测量剑岳100年而发行的关于这一地区的集成地图。在纤细的等高线上实施了阴影与色彩技术，使地图具有强烈的立体感和美感。用纤细的红线描绘登山道路，精确度也非常高。

在日本明治时代初期，剑岳是"不能登的山或登不了的山"。陆地测量部的测量官柴崎芳太郎经过辛苦努力，终于成为"初登顶"者。但是，因为搬运三等三角点测量设备上山有困难，所以，只建设了四等三角测量点，被称着三角点户籍的"点记"也没有做成。

柴崎测量官剑岳登顶，恐怕是陆地测量部以及后来的国土地理院的测量官们的骄傲，必然将继续记载于该组织的历史上。与此同时，现在的测量官们准备用一颗"父母之心"为这个"小男孩"上个户籍。而这个愿望现在终于在日本顶级的山岳地图上实现了。

通过河流、水池、农田寻找山谷

有储水池（虚线○）的部分地势低洼，其外侧的等高线呈凸形状，与该处相连接的地方就是山谷。

通过山顶寻找山谷

从高处的山顶（虚线○）向下看，等高线呈现凹形状的地方连起来就是山谷。

山脊与山谷的等高线不同

没有与高度相关的线索，但是山谷（虚线）部分的等高线比山脊（实线）部分的等高线更趋尖锐，由此可以判断出山谷。

[山谷]

山谷是低洼处相连的地带，在地图上从高处看等高线数量多，呈凹形状。相反，从低处看，等高线呈现凸形状。

因为是相连的低洼地带，所以会有河流或者水池。而且，山林之中还会有农田。这样的地方大都可以看作是山谷。因此，为了把握山谷的情况，就要寻找河流和农田，然后再找其外侧的等高线凸出部分，这部分就是山谷。就像寻找山脊要找高的地方一样，寻找山谷则要寻找等高线凹形的地方。

对于熟练者来说，不依赖山顶和河流，也能区分出山脊和山谷。这是因为山脊和山谷其等高线的形状有很多不同。

山脊的等高线大多曲率半径大。另一方面，山谷与山脊相比，等高线的曲率半径小，野外登山途中连接的情况不好辨别的少。山谷的这一特征主要是因为山谷由于水的侵蚀而形成。

对初学者来说，认真把握山顶、河流、水池等特征物，正确辨别判断出山谷是关键。

山脊与山谷等高线差异很小的例子

山脊与山谷的等高线都比较尖锐，猛地一看很难区分不同。

从地图与照片上看鞍部

[鞍部]

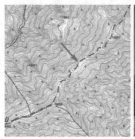

主要山脊上的鞍部地图（左）与同一场所的照片（右）。两个箭头所指部位都是鞍部。

鞍部是山脊的一部分，是比其前后两边都低的地方。从侧面看上图箭头指的这个地方呈马鞍形状，因此称之为鞍部或山口。在有道路通过的情况下，多被冠名为"XX岭"。沿着山顶追溯凸形等高线，其前方出现与凸形相反的情况，以及只有山脊部分变得很细的情况，那么那里就是鞍部。

鞍部与山顶是阴与阳的关系。因为前后高（也就是山顶）才形成鞍部，有两个鞍部的话，其中间会有一个独立的山顶。如果是一直向下的分支山脊，那么就不会有鞍部和山顶。一般主要的山脊会有多个鞍部和山顶。山顶与鞍部的配置（间隔的不同）从侧面看有山脊形状的特征。

因鞍部与山顶位置而产生的山脊特征

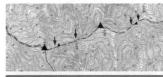

大▲标志是清晰的山峰，小▲标志是小山顶，山顶之间是鞍部（↓）。

鞍部附近的等高线

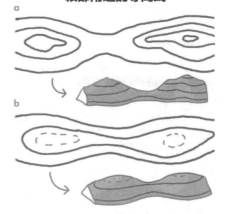

在图a山脊两侧有凸形等高线，其中间就是鞍部。图b尽管没有凸形等高线，但是，其中一条等高线呈中间细的葫芦状，那里存在鞍部的可能性大。而且这个葫芦状的前端可能有隐蔽的山顶。结果与图a具有相同的特征。

⑤ 把握山脊线与山谷线

只要照着本章中③"判读地形图的步骤"和④"判读地形特征"的内容，判断地形图上的某一点是山脊还是山谷并非难事。

但是，仅凭一点即使能判断山脊和山谷，还不够充分。为什么这么说呢? 因为山脊和山谷作为地形特征，不仅仅是一个点，还关联着其他因素，应作为一个整体来判读并且活学活用。

日本的地形基本上是因流水侵蚀作用而形成的，被水侵蚀的地方成为山谷，剩下的地方就是山脊。二者都为线状的情况比较多。实际风景中，明显可见的不是某一点凸出、某一点凹陷，更多的是线状，成为山脊线和山谷线。

实际的活动也多以山脊线和山谷线为线索，并沿此线进行移动。从这个意义上说，从复杂的地形图中寻找山脊线和山谷线是我们的希望。

到目前为止，笔者进行过多次读图讲座，其中就以课题的形式让学员画出山脊线和山谷线。某个点是山脊还是山谷，大多数人都能指出。但是，让学员从某一点起画出山脊线和山谷线时，就出现了错画的情况。有的从山脊越过山谷画到了另一山脊线上，有的从山脊不知不觉画到了山谷线上，这样的人还为数不少。尤其是山脊线形状多种多样，有时会以难懂的形状呈现，导致错画的人很多。

仅凭"低洼处呈凸形"这一原则，还不能完全准确地描绘出山脊线。

把握山脊线与山谷线

在地形图上画入主要的山脊线。在山中读地图时，实际上不会在地形图上画一条线，而只是用眼睛瞬间在地形图上描绘出一条线，如果能这样，地形的读取会很有趣，也一定很有效率。

[把握山脊线和山谷线的要点]

如何才能准确地描绘出山脊线和山谷线呢？

其秘密正是前面说过的看等高线曲率半径的大小。一般来说，山脊、山谷中曲率半径最小的地方，其等高线直交方向连接的线就是山脊线和山谷线。

错误的山脊线

实线是错误的山脊线，虚线才是正确的。

准确画出山脊线的要点

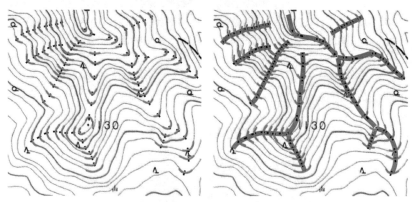

图中等高线中曲率半径最小的部分用茶色曲线标出，与之直交方向用黑色短线表示（左图）。以这个作为线索的话，可以画出正确的山脊线（右图）。

如上图所示，按照给出的原则忠实地画出山脊线和山谷线的作业，就像打网球空抢拍、踢足球面对面传球一样。

基本原则虽然很简单，但为了在实践中准确使用，就必须通过反复练习，将其记到心里（脑子里）。就比如踢足球记住了、掌握了传球的基本技术，不管在什么情况下，也不管身体在什么样的状态下，都能把球传出去。同样，记住了画山脊线和山谷线的基本方法，即使在复杂的地形中，也能在短时间内读取山脊线和山谷线。为此，在判读等高线练习的初级阶段，希望能够动手实际画一下山脊线和山谷线。

练习

按照迄今为止学习的基本原则，在下面a、b图中分别画出山脊线。

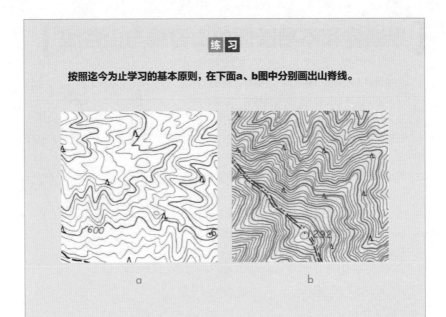

a   b

答案与解说

a 图中红线是清晰的山脊。蓝色虚线尽管不太清晰，大概是现在所在地的山脊线。即使画出蓝色虚线，微观地看还是能发现山脊线是有间断的。

b 这张地图上山脊是很清晰的，但是，部分山脊的连续线上也有不清晰的地方。

[易读懂和不易读懂的山脊线与山谷线]

依据曲率半径画出山脊线和山谷线时，会出现因为曲率半径太大不知如何连线的烦恼情况。如果是这样，说明你已经向着读图中级水平迈出了一大步。因为你已经能够看出"这里的山脊线不容易明白了"。

地图上的山脊线不容易看懂的地方，实际的野外活动时也是山脊线不好找的地方。在日本，很多情况下登山道路都是沿着山脊或者山谷走。即使不沿着登山道路走，也多是基本遵循以山脊和山谷为脉络。

在地形图上寻找山脊线困难的地方，也是实际野外活动中前进路上容易走错的地方或者容易迷路的地方。从地图上得到这些信息，才能在实际的探险导航活动中把握好容易迷路的要点。

a曲率半径大，不清晰的山谷。
b同样不清晰的山脊。
c曲率半径小，清晰的山脊。
d同样清晰的山谷

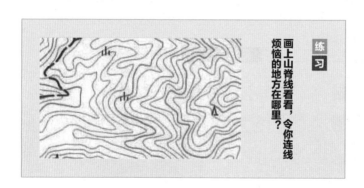

练习

画上山脊线看看，令你连线烦恼的地方在哪里？

山脊线的原则是在"周围曲率半径最小的地方"（红线）画一条"直交"线（黑色短线），以此为线索画一条山脊线（蓝色线曲率半径小、不明显的地方）。着眼于曲率半径的不同，就能够发现不容易明白的山脊线。a、b、c、f周围山脊没有明确相连，特别是a点，b方向的山脊很明显，顺着山脊自然就能到达b点（在此进行探险比赛训练时这样想），但实际上却顺到了h的方向去了。

答案与解说

等高线的判读

[各种各样的山脊线和山谷线]

山谷的等高线呈コ字形状，山谷线不好找。图中a、b、c部分都是如此。这些地方都呈现出锅底的形状。（如右图）

很难连接的山谷线与断面图

等高线不清楚的锅底状山谷

事实上，山脊也好，山谷也好，都呈现出各种各样的形态。其相连接的情况也不是都容易明白的。

左上图显示的是山脊线和山谷线不容易准确画出的例子。a、b、c都是有一定宽度的山谷，用一条线来表示这些山谷很难。实际上寻找这些山谷时，有些场合需要用指南针来测方向。

等高线不清晰很难找的山脊（a）与等高线很清晰容易找的山脊（b）

幅度宽的山脊和幅度窄的山脊以及断面图

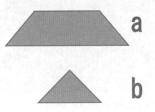

山脊、山谷的幅度宽时，很多情况下用一条线来连接山脊线和山谷线是困难的。这种情况下，如上图所示，与其说是山脊，倒不如说是台地或者是锅底状的山谷。从等高线的形状能够读取山脊与山谷形状的不同，从而区别无数的山脊与山谷的形状，那么初学者也就大致毕业了。

[描绘地形概念图]

使用荧光笔描绘地形概念图

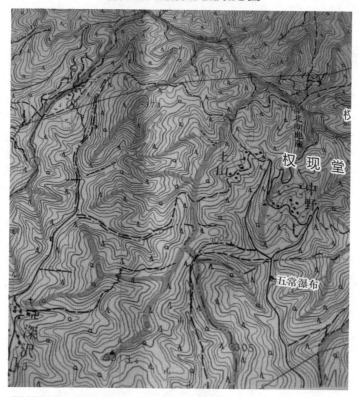

用荧光笔把主要的山脊线和比较容易看出的山脊线突出一下画出概念图。向东南—西北方向及西南—东北方向延伸的主要山脊线都很明显，其余的山脊线画到哪里是一个令人头疼的问题。在这个水平上把握现地以及维持原路是不充分的，再画只能使地图更难明白。归根结底，综合考虑整个道路，做个把握的参考比较好。但是，画到这个样子，再读取各部分山脊时，用荧光笔画的话，高的部分立即就能明白，这样，读取山脊和山谷出现错误的概率就少多了。

能够正确地寻找出山脊线和山谷线的话，再把自己走过的山体的山脊线和山谷线分别用实线和虚线画出来，制作一张地形概念图看看。

这样做的话，地形的大概构造就变得容易明白了。实际上我们带到山里的地图，如果画了线，那么等高线就会被掩盖，错过了地图上重要信息的读取。使用透明度高的荧光笔或者再复印一份地图（要注意，复印地图，只限于个人使用），来用作地形概念图，并在上面画线是可以的。

6 把握坡度的不同

等高线的间隔与坡度缓急

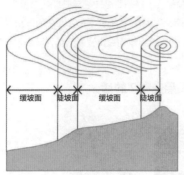

缓坡面　陡坡面　缓坡面　陡坡面

等高线的真正价值在于准确地表现了所有地方的坡度及其变化。通过此线，我们能够对地形形成正确的印象。掌握了地形的特征、山脊线、山谷线等之后，等高线读解的下一个阶段就是要学习把握坡度的不同。

等高线间隔宽的地方，坡度就缓和，间隔窄的地方，坡度就陡。如左图所示，横侧看山脊的话，可以看到其断面图（轮廓图）。

[等高线的间隔表示坡度的缓急]

山脊途中坡度变化了的地图和断面图

山脊两侧坡度不同的例子

陡坡面　　　缓坡面

山脊途中坡度变化了的地图例子。左端是急斜坡，左边第2条计曲线处山脊变缓，最后又变得急了（陡坡）。

如上图，山脊两侧坡度差异很大的例子。这是因气候和地质条件造成的，一般称为非对称棱线。

1∶25000 的地形图上，等高线的间隔是 10 米（这个就叫作等高距），因此，读上图我们就会得知，缓斜坡在地图上的等高线的间隔（这里提及的是水平方向的间隔，所以加了"的"字）就宽，陡坡在地图上的等高线的间隔就窄。反言之，从地形图上看，读取了等高线间隔的宽窄，也就明白了该地方实际坡度的缓急。

等高线间隔为 10 米，从地图上等高线的间隔能够正确了解某地方的坡度。另外，坡度的变化如左图所示，决定了山脊及山的形状。等高线是准确读图不可或缺的信息。

[坡度的缓急表示山脊的形状]

倾斜的变化在实际风景中非常清楚。

沿着登山道路前进，如果斜坡由缓变急了，那么就要明白接下来的攀登会变得险峻了。因此说，斜坡的缓急是把握路况的线索，能够预知接下来的路是陡坡还是缓坡。而且，从侧面看山脊线上倾斜度的变化，可以看出山脊的形状特征。通过把握倾斜的缓急，可以明白山脊的形状，可以与其他山脊区别开来。

等高线的间隔与坡度的变化

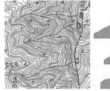

图中a、b、c三条山脊都是从主要山脊向北面方向延伸出来的，方向和长度相似。但是，从等高线的间隔能读取它们断面图的区别。

等高线的间隔变窄了的话

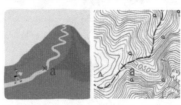

从等高线变窄了的a点开始坡度变得陡了。仅仅这里陡的话，地图上道路即使画得是直的，实际上却是曲折难行的道路情况也很多。

练 习

根据图中等高线、黑色虚线的山脊侧面（断面图或称轮廓图），试画一下概念图。

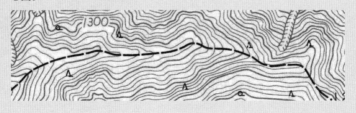

答案与解释

最左边的等高线高，以此为最高点，在等高线与山脊线交会点处垂直向下画线，等高线每下降一条，高度就降低一些，把这些下降的点连接起来。用这种方法就绘成了右边的断面图，这就是从南边方向看这个山脊的形状图（图中横线为每两条等高线对应一条）。

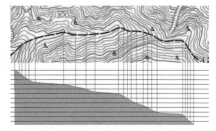

从等高线的间隔读取坡度的绝对值

等高线图与坡度的身体感觉

a 几乎接近平坦
d 的坡度对于登山很困难,几乎要摔倒

等高线的间隔与倾斜度

等高线的间隔	倾斜角度
1毫米	约2.3度
5毫米	约4.6度
2.5毫米	约9.1度
2毫米	约11.3度
1毫米	约21.8度
0.5毫米	约38.7度
0.4毫米	约45度

一般的登山,凭感觉记住地图上的等高线间隔和实际的坡度关系就可以了。

但是,有时需要正确了解倾斜度。比如,在山谷中如果知道了到棱线的仰角,就可以判断出GPS 装备可以接收到多少颗卫星。

雪山的斜面坡度为 35 度时,最容易发生雪崩,当斜面上部的仰角超过 18 度时,雪崩危险会即将发生。

做出上述判断所必需的绝对的倾斜角度可以从等高线中读取。1:25000 地形图的等高线间隔是 10 米。

假如等高线的间隔是 0.4 毫米的话,实际距离是 10 米,那么这里的倾斜角度就大概是 45 度。

用坡度变化来表示地形

山脊上,等高线间隔由缓变急的点就形成山肩(一样的地形),反之,由急变缓的点就形成了山脚。另外,广阔的缓斜面周围出现了急斜面的话,它的边缘处会形成明显的线。照片与地图中的 a、b、c 都分别对应这些现象,请对比一下。

c:台地的绿色
a:山脊的顶端
b:山脊的底端

坡度的变化不仅仅表现在断面上,还能造成如上图那样特征的地形。这一点,在地图上、实地都较容易明白。等高线间隔的不同越大,坡度变化就越清楚、越明显。这是阅读地图时要灵活运用的要点。

7 用地图和实际风景来对应地形

之前的说明中指出了通过地图和实际风景来读取地形的重要性。作为本章最后的归纳总结，我们已经学习了地形种类、山脊线与山谷线、坡度三方面的要点，在此基础上，再用地形图和实际风景对应读取实际地形的特征。地形图与实际风景的对应是探险导航活动读图中最重要的内容。

通过地图读取山脊线与山谷线的布局

地形图与实际风景对应时，山脊线和山谷线的把握不是一条一条地把握，应从整体上来把握。

在山中，山脊、山谷非常多，如果单说"山脊"和"山谷"对应，也不清楚哪个山脊对应哪个山谷。当然，前面已经讲过了从坡度的变化可读取山脊的形状，并据此一一区别不同的山脊及山脊方向。

可是，比起读取并活用坡度的变化来，使用山脊线与山谷线的组合更容易。即使不能一条一条地区别多条山脊线，但是某种程度上阅读二者的组合，可以将实际风景与地图上的山脊线与山谷线相对应。

练习

作为把握山脊线组合的练习，在地图中寻找一下右侧图中组合的山脊线。如果能够快速找到，那么地图与实际风景的对应也应该很容易。

答案与说明

在地图上慢慢找终会找到的，但是要快速找到，就要着眼于有特征的地方。长的山脊线是西北东南走向，而且在地图的东南部分，要以此为中心寻找。然后再寻找向北和东南方向延伸的山脊，之后再寻找向南和东南方向延伸出的山脊的特征。找到了这两个方向的特征，就容易找出山脊线在地图中的位置了。

[地图与实际风景对应]

在右图中，照片所示方向与地图的方向相同。也就是说，照片向后去的方向与地图向上的方向一致。

首先，山脊线充满了左右画面，并且很容易在地图、照片上找到（照片中的 a、b 及其延长线，地形图中的 A、B 及其延长线）。照片中央 a 部分看上去很高，可以看作是山顶。在地图上，这条山脊线的等高线横着伸长，所以不容易明白，但是这一部分是闭曲线，所以，判断是山顶。

从这一主山脊派生出了支山脊，照片上不太容易明白，b 点到 c 点的方向，a 点到 d 点的方向，还有 g 点的方向，这 3 条山脊分支容易明白。这些在地图上也容易找到。（从 B 到 C，从 A 到 D，还有 G）。而且，看照片上 d 方向的分支山脊线，又向 e、f 方向延伸了。另一方面，看一下地形图，虽然没有明确分成两个山脊，但是，到此为止的一条山脊线（曲率半径小的部分），从此分成了两条。因为 e、f 之间没有山谷，所以照片上看不出是两条山脊，但是，作为山脊线，还应该看作是两条。上面的地图就是把这些描绘进去，进而把山脊和山脊间的山谷也描绘进地形图里。

图X

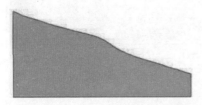

实际风景与地图中的山脊、山谷相对应1

延伸到眼前方向的山脊，在照片中其倾斜度的变化不容易看出，横向延伸的 a、b 两点，其坡度的变化从地形图中可以读取，与照片比较看看有什么不同？看地形图，A 点的右处附近等高线稍有点儿紧密。之后，插进一条计曲线，一直到 B 处附近，等高线的间隔比较缓和了。但是 B 支山脊的分支之后，等高线变成了间隔窄的山脊。以此为原型绘制出来的断面图就是图 X。看了这个，就会明白照片上的 a、b 的横断面几乎是一致的。

正如这个例子告诉我们的那样，地形图和实际风景的对应不是单方面，不管是地形图还是实际风景，只要发现了一方面的特征，另一方面对应的特征也能发现，因此说对应是双向的工作。

在照片上，实际的风景与地形的对应关系不是都能够清晰地看出来的。要想不出错误地读取其特征，必须进行双向的对应工作。

实际风景与地图中的山脊、山谷相对应2

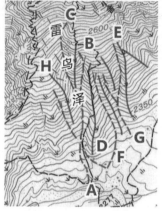

在照片和地图上列举了斜面上复杂变化的山脊和山谷,并使之对应(用大小写英文字母进行对应)。在复杂的地形中,先从容易的地方开始对应,再进行双向对应,这是秘诀。

再看一个稍微复杂一点儿的例子。

在高山地带,因为没有树木生长,地形很清晰,山谷的脉络、岩石、土崖都暴露无遗,所以很容易看明白。与之相比,没有立体感的照片中山脊不容易判断。但是,有高原松植物的存在,某种程度上也能够推测出那是什么样的地方。

把上述意识记在脑海里,从绘制容易看明白的山谷线开始,到地图中去看看。

照片中,a、f、g 山谷线用白色标出,容易看明白。特别是 a,在地图中能清楚地看出山谷线。山谷 a 的上游有 b 和 c 两个支流,这一点从地图上也很容易看明白。

山谷线 f、g 在地图上不容易看明白,为慎重起见,可以先把握其右侧的山脊线 e,这次相反,从照片上不容易看明白,从地图上倒很容易读取作为山脊线途中分支的情况。

如此,全面把握斜坡的情况,在地图上也有信心将 F、G 的山谷线画出来。特别是 G 的上游有两个分支。从照片上左侧的山谷不容易看出来,但因为其两侧可以看到浓绿的山脊,由此可以认为图中表示的是山谷的位置。

再把其他有特征的山谷线、山脊线描绘进去,就形成了上图。请对比阅读上下两张图。

a、b、c本应该是平行的等高线,却出现了上下摆动的情况。d处的等高线几乎贴在一起。从e、f处等高线读取的山谷,上下不连续。

奇怪的等高线

"等高线是根据空中拍摄的照片进行绘制的,现在 1 : 25000 的地形图中的等高线是非常准确的。"话是这么说,但是仔细阅读还是会发现有错误。这些错误有的是到了现场才能发现,有的是在地图上"感觉奇怪"。看不出错误来,对于一般的登山者来说也没有什么大碍。但是,能够看出或者发现了"等高线的错误",说明你的等高线读图水平高了一级,读图的乐趣也增加了。

左图是"奇怪的等高线"的例子。这种情况下,在查看可能出现错误的等高线的同时,有必要进行探险导航工作。

等高线的二次元与三次元

想象一下从等高线的间隔到地形的凹凸。实际上见到与否，可以用连接两点的断面，做出一个地形断面（参照本章74页练习问题）进行确认。当两点间的地形在两点的连接线上出现时，就变得看不见了。相反，从线的角度看，地形在下边，没有被遮挡，两点相互能看见。顺便说一下，从X1看到的是a、c，从X2看到的是b、c。

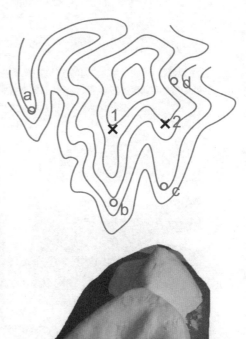

正如本文提及的那样，等高线是充分表现地形状况的表示方法，在二维平面的纸上加上三维立体的想象，最终以三维立体的形象在脑海里浮现出来是最理想的。不过只靠二维平面上的信息也能读取相当多的信息，而且在探险导航过程中也不受影响。现在举些实际使用等高线的例子来说明它们之间的关系。

根据研究结果，从照片中判断其在地图中的位置与能不能形成等高线立体印象并没有多大关系。比如说，像山脊、山谷组合读图那样，只要从地图上读取平面信息，就能够判断出其位置。

要做到从等高线到地图的自由转换，需要大量的练习。不过，即使达不到自由转换的水平，也不影响山谷探险导航活动，希望读者了解这一点。

右上图是确认能否把握地图立体印象诸多步骤中的第一步。

如果没有树木等遮挡视野的东西，从打X的两个点（1和2）都能看到a~d吗？

如果能够立即回答这个问题的话，可以说，你的头脑中已经形成了地形的立体印象而且也浮现出来了。

从下边图中等高线能想象出中间照片模样的地形的话，说明你已经成为阅读等高线的大师级人物了。

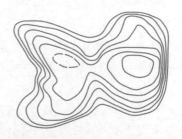

第4章
阅读地图的4种方法
Four modes of map reading

　　读图，一言以蔽之，目的多种多样。专门的教科书上记载了读图的多种目的。我们野外活动者进行地图阅读至少有两个目的，即"把握该地的情况"及"进行探险导航"活动。本章中要谈的读图目的，主要是探险导航，就是不出错误地行进到目的地。

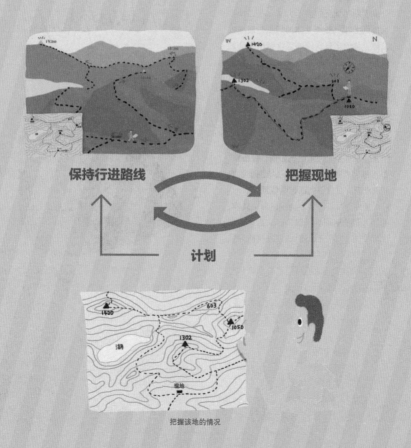

保持行进路线　　　　　　　把握现地

计划

把握该地的情况

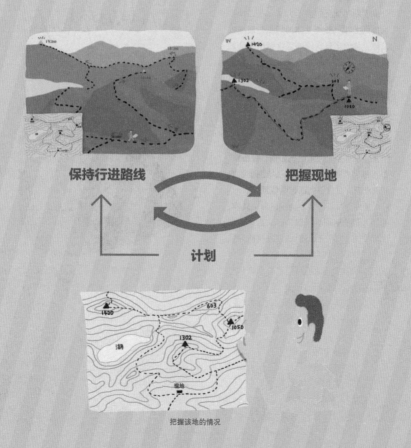

阅读地图的4种方法

事先阅读地图"制订计划"（上图）和途中边走边阅读地图"把握现地"及"保持行进路线"（下图），将其很好地结合起来，才能准确地向目的地前进。

之前的章节讲的是读图的基础，即"阅读地图"。4~6章将讲"使用地图"或者说"熟练使用地图"的相关内容。为了熟练使用地图，还必须要了解地图上没有描绘出来的信息，即所谓的"读地图的字里行间"。另外，在野外活动使用地图的目的大致分为"把握该地的情况"与"了解去向目的"（探险导航）。后者又分为"把握现地""保持行进路线"和"计划"三项作业。要准确地探险导航，必须要充分认识到这三项作业是基础。下面详细说明如何阅读各种不同的地图以及阅读地图的重点在哪里。

① 读取某个地方的情况

地图的重要用途之一是"视觉化"。也就是说，利用地图，可以了解没见过的某个地方的情况，能想象出其样子。在户外活动中，准备适合的装备是不可缺少的。一旦进入户外活动地区，即使发现了未带东西，也没有办法解决。而通过阅读地图，事先对该场所做好情况了解，即使是初次去的地方，也能够把握其野外特征，考虑活动时哪些东西是必须准备的。例如，下图所表示的地方，在8月上旬进行2日1晚的登山活动，可以考虑一下都需要准备什么东西。尽管没来过这个地方，但是通过阅读地图，可以清楚这次登山什么是必须带的东西，哪些事项是需要注意的。

8月上旬，这个线路（白马山）是2日1晚的行程，带领高中生徒步。△是上山地点，○是住宿地点，◎是下山地点。应该注意的内容是什么？下面的回答不都是从阅读地图中直接得到的，有的是根据地图读取的信息进行预先推测、判断得到的。

学生代表性的回答

· 崴脚
· 稀有烦了、累了的抱怨
· 发现有遗忘东西情绪低落
· 互相嬉闹而摔倒
· 站住不能动了
· 当日到不了目的地
· 因为草或者折的树枝而受伤
· 被虫叮咬，遇到动物

有登山经验者的回答

· 落石　· 滑落　· 滑到　· 高原反应
· 崴脚　· 天气突变　· 脱水　· 晒伤
· 雪目　· 冰雪裂口　· 雪崩　· 强风
· 鞋子坏了　· 脚起泡、鞋磨伤脚
· 膝盖疼

举例说明

很多例子都发生在超过2000米的高山地区，最高的达2500米。天气恶劣的话，即使夏天山区气温也很低。

因为是高山地带，大多在2500米以上，所以除了不高的高原松之外没有其他植物生长。没有遮挡视野的植物，眺望视野很好。但是，不足的是天气好的话，又容易造成晒伤的担心。倒是天气不好的话，受到些风吹雨打更舒服。8月的天气，即使天气好，午后晚些时候，也会有雷雨的担心。而且，棱线上没有避雷的地方。所以，行动要早一些，趁雷雨到来之前到达目的地。如果自己是领队，带着几个人外出时，其中或许有对低气压敏感的人，必须要有应对高原反应等问题的考虑。

线路的前半程有大雪溪，但因为有登山道路，应该不会掉进冰雪裂缝里吧。但，还是有必要在指南书上确认通过时的留意点。而且，为了登雪溪或许还需要冰爪（在雪面或冰上走路用的鞋子上装的设备）。从等高线的间隔来看，登山道路上没有险峻的地方，能够轻松愉快地攀登。

线路的中、后半程是典型的高山地带，道路的倾斜坡度也比较平缓，就体力来说，没有很苛刻的要求。但是，看到棱线周围的符号，有岩崖、岩石、乱石堆等，需要相应的鞋子才能攀登，还需要注意防止跌落或摔倒。而且后半程的陡坡处还要防止因疲劳而导致摔倒和落石情况的发生。

明白了符号的意思，可以想象其现场的模样，并了解相关情况。现场的情况与自己的身体情况相结合，量力而行，就可做好自己的防危机管理。

左面是把这个线路的情况给学生和有经验的登山者看后，让他们写出的应注意事项的一部分。不仅限于地图的问题，他们二者可以预测的问题有很大的不同。

② 读取探险导航地图

阅读地图与探险导航

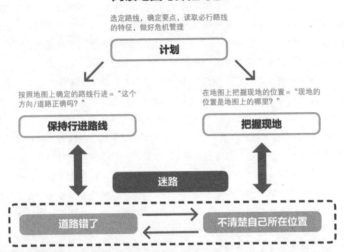

选定路线，确定要点，读取必行路线
的特征，做好危机管理

计划

按照地图上确定的路线行进 = "这个
方向/道路正确吗？"

保持行进路线

在地图上把握现地的位置 = "现地的
位置是地图上的哪里？"

把握现地

迷路

道路错了　　**不清楚自己所在位置**

为了探险导航而进行的三项工作失败时，不明白自己所在的位置，就不能正确判断前进的方向，不能
正确保持行进的道路，就会处在与预想不同的地方，把握现地就变得困难了。

阅读地图本身也是件愉快的事情。尤其是面对漂亮的、有名的瑞士地形图，眼前浮现的是在高原的牧场对面高高耸立的岩壁的阿尔卑斯山。虽然为了了解某场所的样子而进行读图已经足够了，但是探险导航的地图阅读，仅有某场所的样子的印象是不够的，还需要有意识地从地图中找出与探险导航这一目的相关的信息。

那么，探险导航需要什么信息呢？明确意识到这一点，已经展示出读图的进步。探险导航就是要准确地到达未知场所，为此，我们要做"把握现地""制订计划""保持行进路线"这三项工作。

第一项工作是"把握现地"。现地的把握，通俗地说就是"自己现在在哪里"。

比如自己现在富士山顶，想从富士宫口五合目这个地方下山。现在自己面前的下山路线是否正确，自己现在富士山顶的哪里，要据此来做决定。当然富士山顶有区别"御殿场口登山道"和"富士宫口登山道"的路标。可是仅仅有路标还不够，还必须明确现在所在位置，才能选择正确的下山路线。

进一步正确地说明"把握现地"，其实就是"在地图上明确知道自己所在的位置"。曾经和学生一起在山里行走时被问到，"现在哪里？"回答"这里"。学生知道是在开玩笑，笑着说"被愚弄了！"这则笑话表示，所谓"现地"，常常被说成"这里"，意思是能够把握。而探险导航所需要的"现地把握"是指"在地图上把握现地"。

在地图上不清楚自己所在的位置，就不知道下一步应如何前进。迷路，实际就是不明白现在自己所处的位置。从这一意思上说，英语"getting lost（丢失位置）"更贴近意义的本质。

探险导航的第二项工作是从地图中读取前往目的地的路线及其特征。明确了路线和特征，才有可能进行下一阶段的"保持行进路线"。这是"制订计划的先导（计划中还有深层次的目标，后边再叙）"。

即使有了计划，也不是说就完成了任务。在野外活动中不是完全按地图上想象的那样进行。地图是把广阔范围缩小来表示的。比现地更广泛的范围在地图上一眼就看完了，到目的地的道路用黑线清楚地描绘着。能从地图上读取这些信息，就会觉得可以到达也不算勉强。然而这毕竟还只是计划，从地图上读取了路线信息，但是还没有真正到达目的地。还有按计划路线前进必须要做的工作。这就是第三项工作"保持行进路线"。

不能正确保持行进路线的话，就会走进与想象不同的道路上，这样就会走向与期望不同的场所，当然其周围的风景也与想象的不符。这种情况下，无视错误的信息，容易认为自己在正确的地方，也就是说不能很好地保持行进路线，就极有可能不知道现地。

只有能够把握现地，才能实施可行的计划。只有能够实施可行的计划，才能增加保持行进路线的可能性。如此，把握现地才变得容易。在探险导航技术很好地起作用时，就会形成良性循环。相反，不能把握好现地，就不能很好地保持行进路线，进而使把握现地变得更加困难。迷路就是陷于把握现地与保持行进路线失败的恶性循环。

为了不陷于这样的恶性循环，就要不断地把握好现地、保持正确的行进路线状态。换言之，要常问自己"这里是哪里？""这个前进方向正确吗？"阅读地图也是为了回答这两个问题。

不能很好地"保持路线"，"把握现地"也就变得更难了。

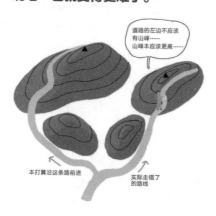

3 把握现地

通常把握现地的顺序

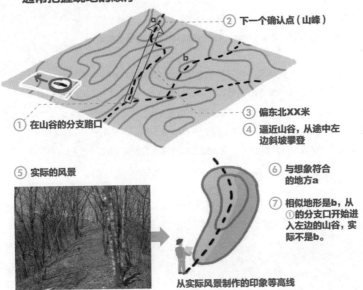

② 下一个确认点（山峰）

③ 偏东北XX米

④ 逼近山谷，从途中左边斜坡攀登

① 在山谷的分支路口

⑤ 实际的风景

⑥ 与想象符合的地方a

⑦ 相似地形是b，从①的分支口开始进入左边的山谷，实际不是b。

从实际风景制作的印象等高线

把握现地的顺序

在野外活动不像在市区街道那样，可以通过地名和建筑物等容易把握现地，因此，即便专业人士也会出现可能把握不好现地的情况。

有这样一篇文章，让合作者蒙上眼睛，把他带到自然公园里，然后打开眼罩给他一张地图，让他判断自己现在的位置，文章对其结果进行分析。尽管合作者是定向越野的比赛高手和利用地图的专业人士，但是感觉此课题非常难。现实中的探险导航，不会蒙上眼睛，也不会不让使用中途的信息，相反，专业人士会很好地利用中途的信息，正因为很好地利用这些信息，才能在难于把握现地的野外活动中正确把握现地。

把握现地的顺序大致分为以下7个步骤：

① 记住前边最后一次把握的现地

开始行动时，在确定把握下一个现地到达之前，记住前边最后一次把握的现地是一个铁的法则。那个位置是考虑下一个现地的基准点，没有这一步骤，②以后的步骤基础就不存在了，也就没有意义了。

② 设定下一个确认要点

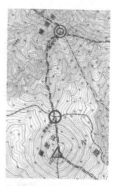

从△出发到○地方，中间确认点的例子。山顶很大的鞍部有青年小屋，可以明确把握确认。通过这个鞍部，朝向○地方，可以确认前进的方向。

移动中，所有的地方都能及时把握现地是最理想的，然而，实际上由于各种各样的原因不能做到这一点。在没有特征的山脊和山谷沿线，把握现地非常困难，普通的登山也不需要那么精确的把握。

因此，在要前进的路线上提前阅读需要把握的场所的地图，把握那个地方的现地。这个地方就叫作"确认要点"。设定了确定的要点，在把握下一个现地时，至少那个要点及其之前的地方会明了（为什么呢？因为确认点是通过时一定会注意到的地方）。下一个确认点在哪里，意识到这一点，就会减少陷入完全不着边的地方的危险中。

③ 把握移动方向和距离

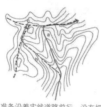

准备沿着实线道路前行，没有把握好该进入a、b山谷中哪一个，结果进入了b山谷中，走到山脊线向右移动时，结果走向了没有预期到的c岔道上了。

根据计划，加上地图上的信息，已经决定了朝哪个方向前进，这是把握下一个现地的重要线索。

下一项显示的是"发现了什么样的特征"。例如"一直沿着山谷走来的"这样的明显特征，一般都能记住。下图那样的例子，记不住的话，就会搞不清楚是经过了哪一个山谷。其结果之一是把握现地出现判断错误，希望各位记住朝哪个方向，走动了多远的距离。这时，能够成为线索的是步测和距离感。

必须准确把握距离时，用步数测量距离是很有效的。登山时，需要测量到某地的绝对距离的情况很少。平时，这样的斜坡和路况需要多长时间可以走完，通过走一段就能够把握，养成这样的习惯比较好。如此，就可以清楚把握走动需要使用的时间，以及从前一次的现地到目前的现地移动了多远的距离。

专业人士会无意识地在脑子里计算移动的距离，记住移动的方向和相关信息，并且脑子里会浮现出下一个现地的场景并前进，他们能够容易地把握现地的原因也在于此。

④ 将移动方向、距离及见到的特征物与地图相对应

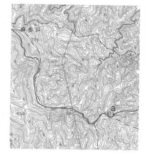

山脊道路向东北转向只有一处，像山脊方向这样单纯的特征，是周边唯一的特征，也是一定要记住的特征。

没有必要记住所有的特征物，但是移动中见到的特征物要记住。如图中的例子，山脊道路与山谷

阅读地图的4种方法

的上游会合时，记住"一直沿着山脊走，途中只有一次大的东北转向"的话，那么大致确定现地在a周边是没有问题的。

⑤ 从周边的风景特征想象该地方的地图印象

这之前的步骤是把握现地的准备阶段。这之后如果进展顺利的话，那么对于把握现地来说，就能够集中注意力，顺利进行后边的核心作业。

把握现地的核心工作是寻找自己周围的特征物，利用特征物与地图上的现地进行对应。为此，先要寻找自己周围与地图能够对应的特征物。

特别令人瞩目的特征物是没有绝对答案的，原则上需具备下边所说的特征：

a. 地图符号表示的内容

b. 很显眼的内容

c. 地图上有数量限制的内容

（可能的情况下 = 唯一的内容）

纪念牌在地图符号中有，但是并没有全部记载

关于a，如照片上的纪念牌很显眼，但是地图上没有标记的情况很多，这对于把握现地是没有帮助的。

c具体能变成什么要根据一个一个的例子来确定。在可能的范围内，成为"唯一的"是可以的。

左图独有的特征是有4个山峰，2个小屋，1个在山峰上，1个在鞍部。再考虑一下从山峰到山脊的数量，这二者的组合也是很有趣的。

小范围的话，一些细小的特征也可以成为唯一的特征。聚焦某地方后，山脊的方向稍微发生变化都可成为唯一的特征。

不能聚焦某个地方，只是相似的特征，读取这些特征，做出唯一的组合，与地图进行对应。

上图那样的地区，明白了在该地区的位置时，"山脊向4个方向延伸至山峰"，读取了这个特征，就能把握自己所在的位置。"山脊向3个方向延伸的山峰"或者"有个小山屋"，可能是2个特征。可是，把二者组合起来"山脊向3个方向延伸的山峰上有个小山屋"，找到这一个点，就能聚焦现地。

⑥ 寻找与地图化的印象相吻合的地方

在头脑中把读取的特征转换成地图的印象，从地图上寻找与之相符合的地方。如果维持在和想象一致的路线上，寻找的范围可以限于预定的路线上，而且因为在②步把握必须确认的位置，所以在最后确认点的地方与②设定的位置之间的某个点上。

寻找符合印象的地方，a、b两处有电波信号输送塔，圆形山峰，山脚下有一建筑物，这些特征都吻合。

这个作业不算太难吧。如果不是这种情况的话，寻找的范围会更广，或许会发现很多候补位置。

把握山脊的组合，寻找与之吻合的地方

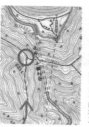

前一章提到的山脊组合与地图的对应，只能寻找符合地图特征的地方。

练习

综合之前的顺序，根据以下文章来确定可能所在的地点。从"室堂的宿营场（2277米地点）"出发向东北，过一条河，再走一段平坦的道路，之后到达山脊，攀登很快就结束了。沿着平坦的山脊走，向南方向，可见照片上的风景。

a   b

⑦ 探讨其他的可能性

野外活动中把握现地的困难还在于无法排除其他可能性这一点。即便是利用并搜集移动中的信息，也会出现无法将符合周围特征的地方与地图上的位置相对应的情况。加之人会有判断错误和记忆错误等因素存在。如此想来，探讨一下是否有其他的可能性，就成为野外活动中把握现地时格外需要注意的地方了。

答案与解说

从最初的记述到 a 地点，并在此过河，这是明确的。从平坦地到陡坡的山脊，可能是 b 或者 c。但是，之后沿着平坦的山脊走，逐渐发现 c 的可能性在消失。面向南的照片里左侧的陡斜坡是 d 附近，右侧见到的是高地。道路在斜坡中的高地的旁边可以看见，说明有个小山峰和鞍部。由此可以判断现地是 e 处。

87 页的图片中，符合印象的地方有两处，都是山顶上的电波信号塔和山脚下的建筑物。考虑到地图上也有道路没有被描绘的可能性（可能性很高），另一个电波塔成为候补。有必要从这 3 个当中筛选，其他可能性也要考虑进去不要漏掉，可以得到筛选可能性的线索。前边举过的例子，比较从南侧来的假定的 3 个场所，是移动到此的道路和地形的关系的一个线索。可是，如果看这光景之前在山峰的右侧走的话，a 与其南侧的山峰可以排除，自己可以确信看到了 b 山峰。如果可以列举出其他的可能性，就比较其可能的选项。为了进一步筛选选项，还需要考虑一些必要的信息。

马失前蹄

虽说是专业人士，但是因状况不同，在无意识的移动过程中也会出现对方向辨识不清或计算距离不准的情况。

几年前，我经历过因过劳而病倒，被救护车送到医院的事情。在此前的几周里就感到了慢性疲劳，然而，病倒的前一天还是参加了比赛，和几个年轻人一起最先到达终点。比赛过程中已经感觉到头部不适。翌日也并无特别累的感觉，不如说一觉醒来后很爽快。约好了一天午后在咖啡店心情很好地执笔写书稿。

认为"错误的"路标

挪威的路标。这次被路标愚弄了。

感觉不舒服是在这之后。为了去约好的地方，从丰桥车站乘车到饭田线。从丰桥车站出来 3 分钟后，突然一种不安袭来，自己不知道自己在哪里了。乘坐饭田线不多，对其周围不是很熟悉是自然的。此前也经历过多次通过没有记忆的地方。迄今为止还没有过"自己不知道自己在哪里"的这种不安。

平常的自己，即使通过没有记忆的地方，也会在心里判断移动的方向、计算移动的距离，大致的位置能够辨别出来，脑中会有周围的概念图（航海用语叫作 dead reckoning）。根据空间认知研究，这种功能由大脑的海马来承担。从慢性疲劳到头脑功能低下，在无意识中失去了功能，"自己身处何处？"的不安感产生了。

第二年，在远征去参加了定向越野比赛世界杯回国途中，在奥斯陆周边的山里徒步时，也经历过类似的情况。

这段时间，我有点轻度的抑郁倾向，记忆力变得迟钝了。在奥斯陆周围，修了很多慢跑小路，纵横无尽，我以小路慢跑进行了训练。我时而看一看地图，想确认一下要点。跑了一段，突然右手方向看到了急转弯的林道。正跑着想与林道合流时，正面迎来了左右两条小跑道。为了看一下现地，拿出地图来确认，没看到这里有岔道。因为有路标，地图里水色线表示的小路没有差错。通过的道路上，没见到描绘的那样的地方。更加不可思议的是还要往前到"北教堂"0.5 千米的距离，本应更近距离的地点却显示很远，本来很远的距离却显示不远。我直觉，其"路标设置的位置有问题"。如此，路标的距离都不相吻合。因为不知道该朝哪个方向前进，就选择了刚才林道右向的方向前进，不一会儿走出了林道。那里又莫名其妙地设置了距离标志，看到林道配置时，一下子就全部理解了、明白了。实际上自己就在认为本来该设路标的地方，也就是说，自己在比原来想象的地方往前了近 3 千米的地方。

第一个原因是完全忘记了那个位置到处都有横切的林道，在地图上只看到眼前的。重新想起明白了自己所在位置后，横穿过林道时，想起了在地图上确认的位置。那天使用的是挪威的山地徒步地图，少有的 1：25000，地图上的距离感完全失常了。

④ 保持路线

常说学习和工作中计划很重要。但困难的是是否能按计划实施。为此，不能做完计划就万事大吉，而要按照计划面向目标前进，并不断地检查日常的学习工作状况。这在探险导航中也一样。不管计划路线多么好，只要不按照计划进行，就会有迷路的危险。

保持路线的困难在于自然环境和地图本身具有的特性。

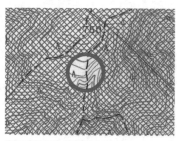

实际只能看到这个范围内的内容

地图就是把人们平时不能看到的广阔范围的内容缩小在地图上表示出来。拥有地图，人们就会有一种错觉，好像已经掌握了路线的全部情况。不错，地图上是有登山道路，而且描绘得比较易懂，如果仅仅按照那个道路走的话，即便身陷这种错觉也是可想而知的。

可是，实际的环境中，我们在树林带中最多看到 100 米，在草丛中也就最多 20 米。在上图 1∶25000 的地形图中，也就能够显示出从中心到周围 100 米的范围。现实中只能看到这个范围内的情况。想保持路线，需要采取具体的、切实可行的方法。

① 登山道与地形的关系

一般的地形中，山脊线、山谷线以及地形是维持道路的有利特征。在日本，地形基本上因流水而形成，山脊和山谷都是呈线形状分布的，而且登山道多是沿着山脊和山谷顺势而行。如果登山的前提是走登山道，那么登山道与地形的关系就是保持路线的第一线索。

具体地说，多数的登山道与地形的关系基本如右图所示，只有 4 种类型。确定了属于 4 种中的哪一种，从地图中读取，并判断选择一条道路即可。

与道路没有关系的徒步，走在线状地形特征的山脊与山谷等地的情况居多。山

登山道与地形的关系

a 沿着山脊线，b 沿着山谷线，c 盘山路，d 连接山脊与山谷。

脊比周围高，其左右比自己都矮，确认这一情况，也就确认了自己在山脊上这一事实。

但是，当有积雪，为躲避积雪而在山棱徒步时，因为雪崩、暴风雪等原因，山棱不一定处在最高处，这一点要注意。

② 利用方向

地形是重要的特征，但是山脊有时会很宽广，山脊线不是很清晰明显。尤其是在保持行进道路有问题的山脊岔路口处，这种情况下，有时不能一个个地看山脊的分支路口（见右图）。而且，步行的山路也不一定沿着山脊和山谷等地形分布，这种情况下成为判断线索的就是道路的方向了。

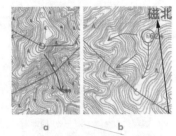

分支山脊→的部分比较清晰，主要山脊线上比较缓和的位置○，从这里分出的山脊，不能清楚地看到。为了下到分支山脊的目标，使用指南针维持方向是不可或缺的。

比如在右图 b 那样的山脊分支口处，从等高线的分布情况看，不能一个个地看分支山脊，只有前进一段时间，才能清晰地分清山脊，这些山脊的方向大致在 280 度、220 度、190 度。两端在 280 度和 190 度的山脊，以其斜面为线索可作为下山的选择方法，中间 220 度的山脊到相对清楚的地点，以其方向为线索成为保持行进路线的依据。

其具体方法将在第 5 章"指南针的使用方法"中详细讲解。

③ 关注远方

在视野好的情况下，树林间能够看到远处的山顶时，这种情况下，可以远处为特征，作为维持行进道路的线索。

在某个山峰，隔着树林看到路线上下一个山峰，如果是这样，之后确定山峰的位置，基本上朝这个方向前进就不会有问题。不要只看脚下，要看远方，关注远方也是保持行进路线的有用信息。这一点尤其是在没有登山道路的情况下，对于保持行进路线可以发挥巨大的作用。

像上面那样的

山峰a

后边的路线可以目视到，把后边道路放到视野里，朝着那个方向前进就可以了。

情况，利用远处的信息保持行进路线很容易。远处的山峰 a 通常从右手方向可以看到。可是，从另一地点则从左边可以看到。只要在正确的路线上，就不可能从左边看到山峰。不管在哪个地点，进入右边分支出来的山脊岔口都是错误的。当然，仅用这种方法保持精准的路线是不可能的。但是，在认为没有必要用地图和指南针的情况下，就通常的登山，还是希望积极地活用这种方法。

④ 保持路线与发现、找到道路

与保持路线相同的说法还有发现、找到道路。虽然二者有相同的情况，但是，本书下边却是对二者进行区别使用的。

使用保持路线等于从地图中读取信息，决定应该前进的路线。因此，如前文所述前进的方向和比较大的地形特征将成为线索。

发现、找到道路等于使用地图上读不到的现地的信息，选择实际前进的路线。

很多时候，登山不需要发现、找到道路，但是在灌木丛和山脊中行走、在沼泽地里徘徊时，需要四下看看地图上没有记载的一些障碍状况，再决定具体的前进路线。这时"发现、找到道路"起着主要的作用。即使地图上有道路，但在经过草丛和广阔的河流平原时，道路不容易搞清楚的情况也有，这时有必要使用"发现、找到道路"的方法。

保持路线是技术问题，"发现、找到道路"是技巧问题。极端情况下，经过面前的灌木丛时向左还是向右或者下一步该踩在哪块石头上都是问题。眼前马上需要注意的自然是不用说了的，眼光还要放到 5~10 米开外的地方，也有可能找到道路。同时，尽可能看得远一点，以把握大局方向与地形的关系。如果不这样做，即使避开了眼前的障碍，也有可能会进入方向不明的道路。

发现、找到道路必要的视线

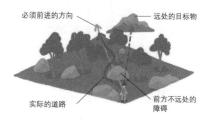

必须前进的方向
远处的目标物
实际的道路
前方不远处的障碍

从道路 a 处通过，经过了渡河点、乱石堆 b、岩石等。尽管有道路，但是没有走过的痕迹，是难以辨认的道路。

乱石堆 b 周围实际的样子。地图上记载了道路，但是没有人走过的痕迹，只能靠标记。

5 制订计划

① 了解山区的概况，确定路线、所需时间

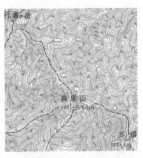

从三之塔到行者之岳的标高几乎是相同的，前进途中有大小不一的上坡和下坡，距离之间需要一定的时间。

计划的最初阶段，主要用来决定目的地、确定路线。登山者中有人会在这个阶段选择超出自己能力的目的地和路线。有的人就此已经埋下了遇难的种子。紧迫的行程导致时间延迟，这也会引起焦虑。

在山里不仅仅是距离的问题，因攀登及道路困难等原因会造成所需时间上的差异。经历过各种多样的道路的登山者，能够从地形图看出路线周围的特征，读取斜面坡度的情况，也能够推测出路线的困难程度，并以此作为线索，选择不紧迫的目的地和路线。

地形图的信息对于把握路线特征也是有用的。

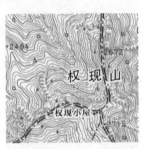

跨越长野县和山梨县的八之岳连峰南部的权现山的山峰周围。从周围的岩石符号等信息可以想象出这是一段难度很高的路。

对于登山经验少的登山者来说，可以参考导游书上以及登山用地图上列出的登山所需时间。当然，这毕竟是参考时间。具体需要的时间因人而异这是当然的。不同的地图绘制者其判断也不同。实际上，在第一章中已经指出，不同的地图在同一区间所用的时间估算也不同。特别是中老年人，个体差异大，不能按线路所需时间走完的人很多。

从日常开始就要对自己的线路时间有个大致把握，了解自己能够走的程度，这一点很重要。

② 读取周围的特征

探讨路线的阶段应该已经对周围的特征有所了解了，实际上开始登山前就应该详细地读取周围的特征。尤其是作为保持路线的信息，路线对于地形是什么样的关系，还有周围的植物是什么样子，这些都应该有所了解并因此做些准备。

提前读取的信息是山脊越过了输电线，陷入了错误的山脊中，走到了十分的程度，却没见到输电线，就能够判断是走错了。

读取特征，脑子里存有"一定会通过一个什么样的地方"的印象，这样一旦前进途中经过了与之不同的场所，能够立马发现。路线本应该在山脊上，如果发现周围地形比自己所处的位置高，那就说明路线是错的。虽然是简单的信息，也要装进脑子里，然后观察一下周围的情况。能否确认周围环境、发现路线环境的差异会产生不同的结果。不管多么优秀的导航者都不能保证路线不出错。只是，

他们会事先读取周围的特征信息，对错误比较敏感，能够把因路线错误导致的损失降到最低。

③ 设定检查点

把握现地的有效方法，正如现地把握项目中指出的那样，是在适当的间隔处设定检查点，即使路线上出现了错误，也能够把错误控制在最小范围内。

攀登这个山脊时，高塔之后即山脊变宽之前，山脊的方向一定，没有明确清楚的特征，路上的情况即使明白，也不能准确把握现地，这种情况下，只能借助GPS或者高度计等辅助工具来把握现地，见第7章。

a）有必要正确把握现地

不能把握好现地，之后的导航上就会发生重大问题。

即使完全相同的场所，因为之后如何导航情况不一，设置检查点的必要程度也各不相同。右图的路线a没有必要把握现地在建筑物处，但是，路线b却有必要正确把握眼前向山谷去的下降点。因此，把下降点设定为检查点。在下降点把握现地困难时，就在其前面找一个成为检查点的场所，利用步测等技术把握其准确的距离。同时，还有必要提高与现地对应的水平。

b）周围有准确的、能够目测的特征

因为检查点是把握现地绝对有必要的场所，其周围的特征物是需要准确把握的。当然，什么可以作为准确的特征物来把握则因人而异。

c）周围存在的独有特征

检查点的特征在周围是独特的，也就是说，希望它是唯一的特征。图a的例子，只有作为

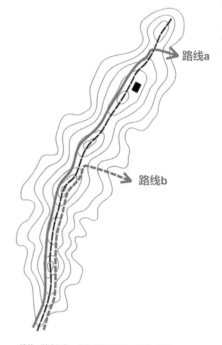

路线a到建筑物，是不需要检查点的路线。路线b是途中需要检查点的路线。

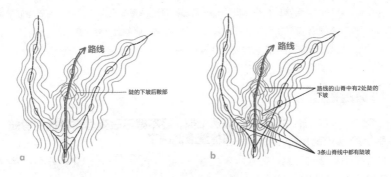

可能有的3条山脊线中，只有中间一条通向鞍部间有陡的下坡。

路线的山脊，其一部分很清晰，下边有个鞍部，这个鞍部可以成为检查点。

　　户外活动中，仅用一个特征作为检查点的例子很少。图 b 与图 a 类似，这种场合下作为路线选出的山脊，以及其他山脊都有下降的鞍部。因此，仅靠陡的下坡和鞍部的组合还不能说是独有的特征。这种情况下，与同现地把握的原则一样，要使用多个特征的组合。想用作检查点的鞍部前边有很清晰的登山道路，后边有明显的山峰，这两个信息组合在一起成为独有的特征。

练习

从 △ 走到 ○ 的检查点在哪里？那里应该注意什么？

答案与解说

a 处有标高差约30米的山峰，b 处有西北到西南偏南的分岔道路，b 处的斜面方向朝向西南偏西，c 处的桑田中山脊从斜面开始变得平坦，道路变成了头发夹子般的弯曲形状。b、c 的多个特征组合起来能够成为独有的特征。b 处在地图上的分岔单独可以成为独有特征，在靠近村落的地方有的道路地图上没有显示，所以也要注意斜面的方向变化。

出发行动前设定检查点的理由

　　登山者不用每时每刻都全力关注导航，有时会漫不经心地以"大致朝北就可以"的感觉走，有时也会一边细心地确认前进方向一边走。根据导航重要性的要求进行调节的做法也是导航技术的重要组成部分。

　　出发行动之前，探讨检查点的设置，会改变导航的重要级别。如果有明确的检查点，就不用那么细致地加以注意。

可是，如果没有明确的检查点时，就必须提高导航的重要级别来应对。一旦降低了导航的级别，之后如果没有找到准确的检查点，再想提高导航的级别就更难了。

因此，出发行动前必须进行检查点的探讨与确认。前边区间需要什么样级别的导航，必须要确认，以做好准备。

④ 风险管理

登山有各种各样的风险，迷路是遇难原因中概率最大的，也是风险最大的。探险导航中最应该管理好的就是这样的风险。把握好现地，不走错路，清楚风险在哪里，明白排除风险的手段，这些都是导航中的风险管理内容。

做计划时，预想好会出现哪些错误，就能增加排除风险、事先做好应对策略的可能性。实际犯错误的时候，会对错误很敏感（参照左上图）。预想出现的错误，

虽然相似，但不得不改变导航性质的导航的检查点的例子

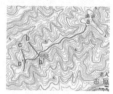

想象从a到b再到c。c处，其下降的检查点c'处，山脊的方向明确有变化。因此，仅注目山脊的方向，c'处容易把握。另一方面b处，其下降的检查点b'处有相似的山峰（包括隐藏的山峰）和山脊出现在眼前。到b'处要求特别注意导航。

计划从东南方向攀登，从三之塔向西南方向下山，攀登到山峰，在左边还有分支口，二之塔有相似的特征。如果能发现其可能性，首先，应该有下山方向（a和b）的不同，另一方面山脊线（a'和b'）的不同，从这两个不同中可以区别是在三之塔处还是二之塔处。这样能够防止在二之塔下山的错误发生。

就能从地图中读取必要的信息，哪个地方会出现风险，确认现地和保持路线部分都分别提到了，在这里把这些内容集中整理如下：

横截面宽的山脊和斜面

横截面宽的山脊其山脊线不容易判断。当遇到林间容易通行的情形，因为在登山道之外的地方也会有踩踏的痕迹，哪条才是正确的路线是很难判断的，不知不觉中有可能朝着预期以外的方向前进。不容易留下踩踏痕迹的高山地带和宽阔的渡河点等也同样具有如上的情况。在上面这些情况下，就需要使用指南针来确认方向。

一样的斜坡，林中通行容易，多数登山者偏离了登山道，真正的登山道不容易判断出来。

宽阔的渡河点，其前方的道路不容易判断。上图的例子，从渡河点，路线向右边转（图片a），而且表示路线的路标倒了（图片b），不注意周边的状况就容易直接前进了。

多琐碎复杂地形中的山脊

多有琐碎复杂地形的低山山脊，更容易让人意外迷路。因为地形琐碎复杂，不能完全读取，或者实际情形中会有遗漏。而且，因为相似的地形很多，如果地图上没读完或有看漏的，那么在之后的地图和实际特征对应时就会变得很困难。因此，可能出现的路线错误以及确实明白地把握好检查点位置的危机管理是不可缺少的。

道路的错综复杂性

在靠近山林的地方和大众化的徒步路线时，地图上记载了很多道路，但地图上没有记载的道路也很多。虽然走在记载了的道路上会比较安心，但道路错综复杂的情况下，也会不知不觉中被带进意想不到的地方。稍有疏忽，就有可能受到很大的打击。为了不被多岔路中及地图上没有出现的道路所迷惑，保持正确的行进路线，关注什么比较好、考虑一下这些危机管理是有必要的。

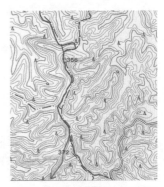

2003年，一个30人的中老年团队迷路了，不得不在山峰上过了一晚上。图上实线是当时的线路，虚线是预定的路线。从主要的山脊向相似形状的分支山脊出发，很容易出错。实际上有一条地图上没有标出的分支山脊的道路，而这个团队恰好就进入了这条道路里了。

东京奥多摩的日出山周边地区，地图上标有道路，但是也有地图上没标出的道路，情况极其复杂。即使看着道路，要做到维持路线也困难。

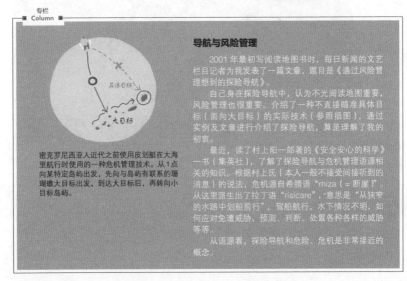

密克罗尼西亚人近代之前使用皮划艇在大海里航行时使用的一种危机管理技术。从1点向某特定岛屿出发，先向与岛屿有联系的珊瑚礁大目标出发，到达大目标后，再转向小目标岛屿。

导航与风险管理

2001年最初写阅读地图书时，每日新闻的文艺栏目记者为我发表了一篇文章，题目是《通过风险管理想到的探险导航》。

自己身在探险导航中，认为不光阅读地图重要，风险管理也很重要。介绍了一种不直接瞄准具体目标（面向大目标）的实际技术（参照插图），通过实例及文章进行介绍了探险导航，算是理解了我的初衷。

最近，读了村上阳一郎著的《安全安心的科学》一书（集英社），了解了探险导航与危机管理语源相关的知识。根据村上氏（本人一般不接受间接听到的消息）的说法，危机源自希腊语"rhiza（＝断崖）"，从这里派生出了拉丁语"risicare"，意思是"从狭窄的水路中划船前行"。驾船航行，水下情况不明，如何应对免遭威胁、预测、判断、处置各种各样的威胁等等。

从语源看，探险导航和危险、危机是非常接近的概念。

第5章

指南针的使用方法

How to use compasses

为了更好地在户外活动中阅读地图，需要了解方位、方向。了解了方位与方向就能够找到野外的许多特征物，并从相似的特征物中聚焦目标物，然后更容易地与地图对应。进行此项活动的工具就是指南针。本章从"了解方位方向"的基本使用方法，到使用带底座的指南针更正确地测定方位方向的方法，进行解析说明。

在户外运动用品商店里摆放的各种各样的指南针，都是用于户外活动而制作的。为了在户外活动中使用方便，厂家都做了努力，并根据使用目的附加了一些功能。右上的用于定向越野比赛，按秒计算，一只手拿着地图和指南针，指南针是戴在大拇指上的类型的。右下两个是戴在手腕上的，也是用于比赛的，两手使用，很方便。下右第三个是通常用的带底座的指南针，左上的是透镜式指南针，是专门用于正确测定方向的指南针。摄影协助：艺术体育

根据指南针直接前进。磁针与北方标志正确重合（左边照片）。保持此状态视线面向远方（右边照片）是正确前进的关键。

经常会听到户外用指南针（方位磁石）"不明白使用方法""难"的声音。在讲座上，也有"希望教一下指南针的使用方法"的要求。

的确，我个人最初阅读指南针说明书时，也并不能立即理解其使用方法。实际中，有以下两种使用指南针的方法：

①希望一定要记住的基础的使用方法

②登山和野外活动必要的高级使用方法

特别是①的方法，简单到令人吃惊的程度。只要先掌握它，然后再根据目的和需要，记住②高级使用方法就可以了。

① 指南针

指南针是利用磁石指向北方的工具。

表示指向北方，在野外活动中能够为我们做什么呢？在野外活动中，探险导航的主要作用是读地图时，让地图旋转，使之与指南针方向一致。把地图和指南针的方向对应一致，然后再把现地与地图对应就容易了，而且地图判读也会变得简单。而能够帮上这个忙的就是指南针。

使用指南针在野外活动中进行导航。照片上的指南针是戴在手腕上的，地图和指南针用一只手拿着。

地图与指南针对应好了，有两件事情能变得更简单。

一个是对现地的把握。把握现地需要把周围见到的实际景物与地图上描绘的特征物相对应。地图与指南针对应好了，那么进行上述的对应就容易了。

另一个是在地图上确定目标物。明白了现地，把地图与指南针对应好，再与地图上标注的对应，就能够知道现地相当于地图上的哪个位置了。

带底座的指南针

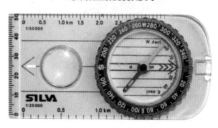

在野外活动中最适合使用的一种指南针，即带底座的指南针。

另外，带底座的指南针具有记忆方位方向的功能。从地图上读取的方位方向指南针能记住，只要看指南针就能维持前进方向。本章的后半部分，会介绍这种带底座的具有记忆功能的指南针的使用方法。

虽然指南针只有二三十克，是一种小型工具，但其导航仪导航范围广、精确度高，使用起来很便利。在户外进入一个陌生的区域时，指南针是自由活动不可缺少的工具。

*

备注：本章指南针使用方法说明图中的指南针，全都是带底座的。另外，其说明中不需要的部分也省略不写了。

② 指南针的类型

用途不同，会有各种各样的指南针，现在介绍其中的一部分。

a是带底座的指南针。本书介绍的指南针就属于这种类型。b是在手表上安装的电子指南针。总是在手腕上戴着也没有什么不方便的，但不适合详细的导航。c被称作拇指指南针，用于定向越野比赛。这类比赛中选手多用带底座的指南针或拇指指南针。d是乘水上交通工具使用的防水指南针，很容易读取前进方位方向。e是扁平式指南针，对着眼睛看，能读取目标物的正确方位方向。f是带附属装饰的指南针。

带底座的指南针

在野外活动中最适合使用的一种指南针，北欧开发的，具有多种功能。

表上安装的电子指南针

多搭载高度计，手表作为高度计来携带，指南针功能作为预备使用。

拇指指南针

用于定向越野比赛，在比赛中选手多边跑边用拇指指南针定向。

防水指南针

乘坐在皮划艇之类的水上工具时使用的，比起平常使用的指南针不仅防水更容易读取方位方向。

扁平式指南针

像图上那样对着想要知道方位的目标物看，就能读取目标物的正确方位方向。

带附属装饰的指南针

尽管有附属装饰，但作为一款指南针，其磁针指北的功能没有变化。

③ 带底座的指南针

带底座的指南针指的是像右图那样将磁针装在一个塑料壳里的指南针。其各部位的名称与功能及特征可分别参考右图及下面内容。

底座
底座的长边
前进线
度数指示线
塑料壳
北方标志
方位方向刻度盘
磁针

方位方向、度数表示线的放大照片。220~240度之间分10个间隔，1刻度表示2度。照片上的刻度指向220度后边的4刻度上，所以是228度。

带底座的指南针各部位名称与功能

各部位名称	指向表示的内容	功能及特征等
底座	四个角都是塑料且透明的底座	●有了这个，目标物的方位测定更准确 ●底座边上有一二种尺度，更方便测量地图上的距离
底座的长边	底座长的一边	
前进线	底座中间画的箭头	●用于准确测量前进方向和目标物的方向
度数指示线	在刻度环底下画的线	●通过这条线的位置能读取前进线所指的方位方向 ●磁针与北方标志重合时，前进线表示的方向与度数指示线所指的数值是一致的 ●不能与塑料壳连动回转
塑料壳	能转动的部分	
刻度环	塑料壳里面刻有数字的部分	●与塑料壳连动回转
北方标志	塑料壳里面画的平行线	●作指南针记忆方向时使用与塑料壳连动回转
方位方向刻度盘	刻度环上标注的数字	●磁针表示与北方标志重合时的方位方向 ●与塑料壳连动回转 ●方位方向，北0度，增加向东旋转。东90度、南180度、西270度
磁针	塑料壳里面的指针	●与塑料壳里面的方向没有关系，红色针指向北

4 画磁北线

要从地图和指南针上了解准确的方向，磁北线不可或缺，也就是必须在地图或者指南针上画出指示磁北方向的直线。

在日本，偏角约偏西 5~10 度，越往高纬度偏得越大，越往低纬度偏角越小。这种情况下的偏角在地形图中被标记为"磁针方位方向向西偏 6 度 20 秒"。可以使用这个数值在地图上画一条磁北线。

画出一条磁北线后，在与该线平行、间隔 4~8 厘米处，即计划前往的地区再画一条线。当然，也可以在整个地图上画磁北线。不过磁北线的间隔过于狭窄会让人感觉密集，过宽又不便于对应，所以一定要间隔适度。

［ 使用分度器画线 ］

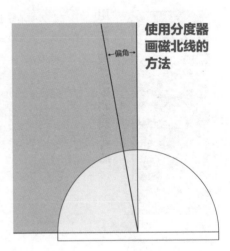

使用分度器画磁北线的方法

←偏角→

把分度器对准地图东南角（如果是地形图的话，面向地形图上为北，地壳线的右下角就是东南），在地图上画的偏角度数向西倾斜画出一条线。

如前所述，再画一条线，与此线平行，可间隔 4~8 厘米，或者在整张地图上画也可以。

［ 使用指南针画线 ］

使用指南针画磁北线的方法

360度偏角

首先，把度数指示线指向方位方向为 360 度的偏角数值上。例如：偏角 8 度的话，方位方向与 352 度对合就好。其次，将北方标志与南北地图轮廓线重叠。这种状态下，底座的长边与磁北线平行一致。沿着底座长边画一条线，然后向上向下延长此线就可以了（参照右图）。

[使用三角函数画线]

切线（b/a）的数值表

度＼分	0分	10分	20分	30分	40分	50分
3度	0.052	0.055	0.058	0.061	0.064	0.067
4度	0.070	0.073	0.076	0.079	0.082	0.085
5度	0.087	0.090	0.093	0.096	0.099	0.102
6度	0.105	0.108	0.111	0.114	0.117	0.120
7度	0.123	0.126	0.129	0.132	0.135	0.138
8度	0.141	0.144	0.146	0.149	0.152	0.155
9度	0.158	0.161	0.164	0.167	0.170	0.173
10度	0.176	0.179	0.182	0.185	0.188	0.191

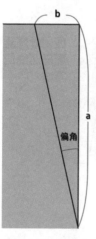

用三角函数画磁北线的方法

在大的地图上用指南针和分度器画磁北线比较困难，这种情况下最准确合适的方法是使用三角函数。

决定了角度和切线（左图 a 和 b 的比），a 的长度确定之后，b 的长度自然就确定了。可使用这个关系画线。切线的数值可参考上边的表。a 尽量长，误差才会小。

下面以日本 2002 年出版发行的 1:25000 地形图图式（新图式）偏角 6 度 20 分磁北线画法进行分析说明。

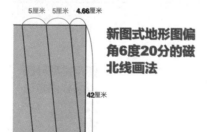

新图式地形图偏角6度20分的磁北线画法

如图，磁北线的上下两端分别以同样长度往左延长，然后连接两点，画出平行线。

读偏角6度20分切线

偏角 6 度 20 分切线对应上表 6 度横行（浅绿色）与 20 分竖行（深绿色）交会处的数值，其切线值 0.111 合 4.66 厘米（使用电子函数、excel 表等都能计算出）。

把地图的右下角与右上角左边 4.66 厘米的点连接起来画直线，之后在上下两点的间隔上打点连接就可以了（参考左图）。

指南针的使用方法

⑤ 只使用磁针读图（指南针的基本使用方法）

看到这个实际风景时，你认为地图a、b哪个更容易读？

使用指南针进行定向。将指南针贴在地图上，水平拿着，从上往下垂直看。

作为指南针最基本的、最实用的使用方法，首先要记住的是只使用磁针的定向。通过定向，能更正确地利用地图的信息。

关于定向，可通过以下项目进行说明。

定向

把地图的方位方向与实际的方位方向重合，使现地与地图更容易对应的做法就叫作定向。

看到上边插图的实际风景时，地图a、b中与现地更容易对应的是哪个呢？将指南针

把地图可见的方向朝上（b）

把地图上的北方朝上（a）

b实际是在右手上，在地图上也在右边，实际在左手上的，地图上也在左边。现地与地图对应并不难。

对准两张地图，像地图 c、d 那样。定向后的地图 d，磁针与地图的磁北线平行。反过来说，当周围的特征物不明了时，可以通过磁针与地图上的磁北线平行加以定向，这就是使用指南针定向。

下边再介绍两个具体方法，希望根据情况分别加以使用。不过不管使用哪种定向方法，

都需要将指南针与地图密切贴合，而且要水平放置。同时还要注意看指南针时，一定要从上边垂直往下看。

没有经过定向的地图

将指南针定向后是这个样子。定向后的地图d，磁针与地图的磁北线是平行的。

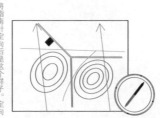

定向后的地图

① 定向后在地图上确认目标物

登山时，"那座山是什么样呢？"有过这种疑问的人很多。这样想时，如果清楚现地，而且在地图上定向并阅读，就能确认要登的山的情况了。

这种情况可按以下顺序来进行：①站在目标山体的正面方向看着山体（右图）；②水平拿着指南针，地图的磁北线与指南针的磁针与地图平行（图a→图b）；③对着地图上的现地，把地图朝向身体的正面方向转动（图c→图d）。

地图d中身体正对的山，实际就在身体的正面。定向后的地图，像图d一样"地图上的现地""地图上的目标物""实际的目标物"这三者并列在一条线上。把地图上的现地转向身体的正面，视线也就自然转向了这个方向。

手持地图，将目标山体放在自己的正对面

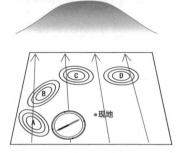

现在，面前看到的山是地图上A~D的哪一座山呢？

把地图移动到磁针与磁北线平行状态

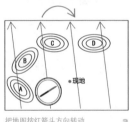

把地图按红箭头方向转动 **a**

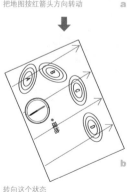

转向这个状态 **b**

绿色虚线，身体的正对方向。地图上现地转向身体方向，用箭头表示。保持这个状态不动看的话，会引发错误。地图中，身体正面存在的C山就是正面见到的山。另外，根据地图上见到的现地，视线面向茶色虚线，容易出现把A山当成正面的山的错误。

移动地图使现地转向自己的正面

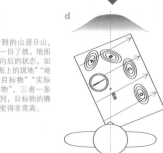

正面看到的山是B山，这一点一目了然。地图处于定向后的状态，如图"地图上的现地""地图上的目标物""实际的目标物"，三者一条直线排列，目标物的确认度会变得非常高。

② 从地图上决定实际前进的方向（保持行进道路）

在道路的岔路口处不知该向哪个方向走时，定向一下就能够判断应该前进的方向。

这种情况下的定向顺序如下：①手持地图，身体的正面朝向地图上想前进的方向，这时就能够确认地图上的现地在身体的正面方向（图a）；②把指南针贴在地图上，使磁北线与磁针平行，改变身体的朝向。这时地图与身体的位置关系不可以改变（图b、c）；③视线朝着地图上的方向向上看，那个方向就是实际前进的方向（图d）。

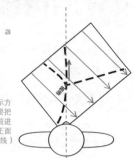

a

想朝红色箭头指示方向前进时，首先要把地图上的现地与前进方向放在身体的正面方向的方向（绿色虚线）并使之重合。

定向好了之后，在地图上想前进的方向与实际应该前进的方向一致，就变成了③所述的情况。

要注意一点，如果磁针的北极指向磁北线的南方，则向着正好相反的方向前进，这种情况叫作"南北错误"（注意参照下图的南北错误），是经常容易犯的错误。

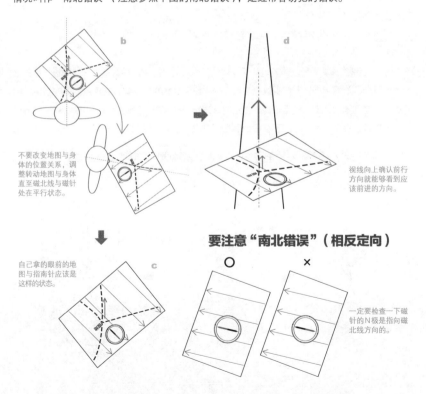

b

不要改变地图与身体的位置关系，调整转动地图与身体直至磁北线与磁针处在平行状态。

d

视线向上确认前行方向就能够看到应该前进的方向。

自己拿的眼前的地图与指南针应该是这样的状态。

c

要注意"南北错误"（相反定向）

○　　　　×

一定要检查一下磁针的N极是指向磁北线方向的。

6 活用带底座的指南针

使用磁针定向完成后，用地图与现地对应就不困难了。而且，在此基础上又知道了正确方位和前进方向的方法。以下 8 个方法，都是活用带底座的指南针的方法。

① 确认精准度高的目标物（在地图上确认看得见的事物）

登山时，"那座山是什么样呢？"有过这种疑问的人很多。这样想时，如果能够清楚现地，而且地图定向并读图了，就能够确认要登的山的情况了。

使用带底座的指南针能够提高确认目标物的精准度。根据 106 页讲的定向方法，使用带底座的指南针的步骤如下：

1 站在目标山体的正面，身体正对着目标山体。

2 水平拿着指南针，将地图的磁北线与指南针的磁针处于平行状态，然后转动地图。

到这一步与只用磁针的定向是一样的。(参照 106~107 页的 ①②)。

目标物在底座的长边或者其延长线上。

3 转动地图，使地图上的现地处于身体的正面方向，将带底座的指南针的长边与地图上的现地重合，放置指南针，使长边指着目标物。作为目标物的山体，在地图上处在指南针的长边上或者其延长线上。指南针的长边指向身体正面的方向，因此能够正确地与地图的方向更好地重合。指南针的长边直着指向目标物，能够确认地图的磁北线与磁针平行（见上图）。

② 决定精准度高的前进方向（决定从地图到实际的前进方向）

107 页说明的定向，使用带底座的指南针，会变成以下情况：

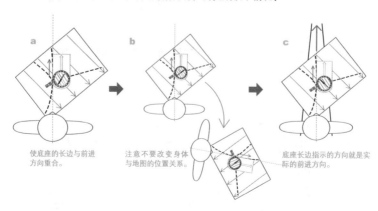

a 使底座的长边与前进方向重合。

b 注意不要改变身体与地图的位置关系。

c 底座长边指示的方向就是实际的前进方向。

① 拿着地图，让地图上想要前进的方向正对着身体（参照 108 页图 a）。

①拿着地图，让地图上想要前进的方向正对着身体（参照 108 页图 a）。

②让指南针的长边与现地重合，把指南针贴放在地图上，让它与地图上要前进的方向一致（见 108 页图 a）。

③使磁北线与磁针平行，并转向身体方向。这时，地图与身体的位置关系不能改变（见 108 页图 b）。

④指南针长边指的方向是实际前进的方向（见 108 页图 c）。

另外，犯图 d 那样错误的也不少，所以必须要确认指南针的长边在身体正对面且垂直指向前进方向。

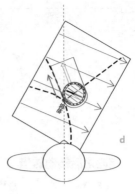

即使对地图进行如此定向，不能朝向正确方向前进，身体仍然处在错误方向，因此一定要确认身体处在指南针底座的正对面，直指着前进方向的位置上。

③ 在现地把握目标物的方向，让指南针存储记忆

配合使用带底座的指南针，能够使用正确的数值表示出目标物的方向。因为是数值，还能够把握正确的方向。

其顺序如下：

①让目标物处在身体正面可见的方向（见图 a）。

②拿着指南针，使指南针的行进方向线与身体正面一致（见图 e）。

③转动转盘使北方标志与磁针重合（见图 f、g）

④度数指示线指的数值是目标物的方位方向，而且这个方向已经被存储起来了。

通过这个顺序，让指南针存储目标物的方向，也为后边④～⑧的说明做铺垫准备。

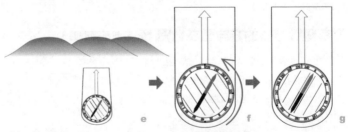

朝向目标物方向，行进方向线指向目标物。

转动转盘使指北方向与磁针重合，注意行进方向线始终朝向目标物的方向。

④ 把指南针储存的方向绘制到地图上（清楚现地时把握目标物）

要把见到的山体作为特征物，但近处还有好多可见的山体时，有必要按 106 页的说明，用精准度更高的方法测量目标物的方向，并与地图进行对应。

前项③中记忆的方向，在地图上作图时按下列顺序进行：

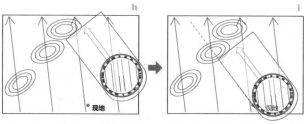

将指南针放在地图上，使指北方向与磁北线平行。

不要改变指南针角度，使底座的长边与现地重合,这个边指示的直线就是地图上的视线。

定向之后转动转盘

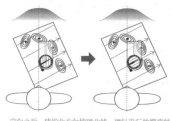

定向之后，使指北方向按磁北线、磁针平行的顺序转动转盘。

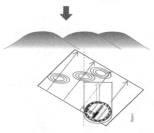

在地图上确认了目标物之后，再确认是否进行了定向。仔细操作,到目标物距离误差为5%左右。

[1] 指北标志与地图的磁北线重合，把指南针贴合在地图上（见图 h）。

[2] 保持指南针原来的角度，移动指南针，使长边与地图上的现地重合（见图 i）。

[3] 与现地重合的一侧的长边是地图上的视线。地图上长边或者长边的延长线上存在的目标物能够看见（见图 j）。

[4] 如图定向之后再确认。

⑤ 把指南针存储的方向画在地图上（不清楚现地时）

不清楚现地，但是周围看得见的特征物与地图对应时，可测定这个特征物的方向，把现地的范围聚焦到线上。

作为有效的目标物，有山峰、鞍部、山脊的倾斜变换等地形特征和山上的小屋、输电线的铁塔等。地图上没有画出铁塔，但与其他特征物相互对照重合，有很多能够确定其在地图上的位置（输电线弯曲，输电线横切山脊等。可参照第2章41页）。

前项③中记忆的方向在地图上画的顺序如下：

[1] 指北标志与地图上的磁北线重合，把指南针贴合在地图上（见图 k）。

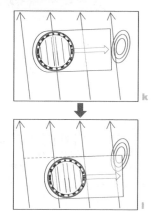

2 指南针的角度不变，长边移动到与地图上的目标物重合（见110页图 I ）。

现地在目标物重合的一侧的长边或者长边的延长线上。

这种方法一般如下边 ⑥ 表示的那样，通过对两个目标物方位的测定来把握。如右图，现地在道路上，把条件聚焦后，也完全能够把握现地。用这种方法仔细作图，测出到目标物的距离，误差在 5% 左右。

条件缩小聚焦时

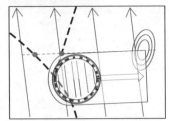

现地在登山道路上的话，就应该在两个红点中的一个那里。用指南针确定道路的方向，就能够把握现地的位置。

⑥ 知道现地（交会法）

能够看到两个以上具有特征的目标物，利用能见到目标物的方向，可以知道现地的位置，这种方法就叫交会法。与特征物之间的角度成 90 度左右是理想的。看到大致相同方向或者大致相反方向时，确定现地的精准度会变低。尽可能地发现在 90 度左右的特征物是最合适的。其顺序如下：

1 两个目标物分别参照 109 页③及 110 页⑤项目说明的顺序，在地图上把目标物与现地画线连接起来。

2 两条直线的交会点就是现地的位置（见上图）。

目标物之间的角度在 90 度左右时，仔细作图，距离远处的目标物的误差在 8% 上下。如果目标物之间的角度在 60 度左右时，误差在 10% 上下。45 度左右时，误差在 16% 上下。尽可能在 60 度左右比较好。

交会法

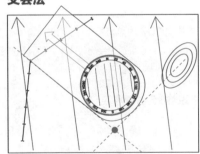

这时的目标物大约在东北位置上的独立山峰和西北位置上的输电铁塔（输电线拐弯处）两个位置上，而两条直线的交会处的红点位置就是现地。

⑦ 在地图上测量目标物的方向并存储到指南针里

使用带底座的指南针和方位方向刻度表能够表示出地图上目标物的方向的正确数值。108 页③项测量了现地特征物的方向，这里测量地图上特征物的方向。与③项相同，用同样的顺序可以使指南针储存记忆目标物的方向，以便为下一项⑧做准备。

顺序如下：

1 将地图上的现地（ 112 页图 m 的 △ ）和目标物（图 m 的 ○ ）两点画直线连接，然后将指南针的长边与该直线重合。指南针的方向与图一致，与用表示前进方向的箭头（ → ）表示现地与目标物一致。

②指南针的指北标志与磁北线平行，转动转盘（见图 n）。注意不要出现南北方向颠倒的错误。

③度数指示线所指的数值就是目标物的方位方向。

这个方向指南针会记住。只要不转动转盘，让指方标志与磁针重合，再转动指南针，其所指的方向就是测定的行进路线的方向。

前进方向线与实际前进方向一致，指南针的长边与现地及目标物一致。

转动转盘，使指北方向与磁北线平行。注意不能南北方向颠倒。

⑧ 向指南针记忆的方向前进

日本的山陡峻，在不是道路的地方直着前进的情况少。但沿着垂直延伸的山脊线下山时，山脊线方向如果指南针记住了的话，误入错误方向的分支山脊的情况出现时就能够被及时发现。

在地图上沿登山道路下降时，让指南针记住山脊的方向，可定期使用指南针确认的方向，如果进入了红色虚线（右边地图）的山脊里时，也能够发现方向错误。

尽管同样的事情可以进行频繁地定向，但如果使用具有储存方向功能的指南针直接前进会比较省事，而且精准度还高。

其顺序如下：

使用储存方向的指南针，按前进方向线前进，就不会进入错误的红色虚线里。

▎知道方向的情况下

提前按 109 页③或者 110 页⑦项的顺序，让指南针记住方向。

①水平拿着指南针前进线朝向正面方向（见图 o）。

②不要改变指南针与身体位置的关系，使磁针与指北标志重合，然后再转动（见图 p）。

③前进线所指方向就是实际中的前进方向。视线向上，看前进线所指方向的实际风景，然后前进。远眺时，前进方向的轮廓会变小（见图 q）。

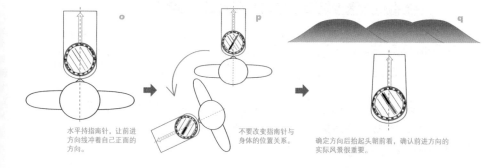

水平持指南针，让前进方向线冲着自己正面的方向。

不要改变指南针与身体的位置关系。

确定方向后抬起头朝前看，确认前进方向的实际风景很重要。

‖ 可定期使用指南针来确认是否偏离前进方向

　　1 水平持指南针，前进线指向现地的前进方向（见图 r）。

　　2 磁针与指北标志重合的话，说明是在沿着正确的方向前进（见图 s）。

　　3 如果磁针与指北标志偏离了的话，就有可能是朝错误的方向前进了（见图 t）。

　　即使认为是在按着正确的方向前进，也会有偏离正确道路的情况发生，希望注意这一点。（见图 v）。以远处的树等作为目标，到达树的附近时用指南针确认后再决定下一个目标。这样重复几次，就会减小误差。

　　*

　　使用带底座的指南针测定方向最大的优点是能够减小误差。如果注意以下几点的话，能够更精准地确认方向。

● 水平持指南针，从上边垂直向下看。

● 平行的就完全平行，重合的就完全重合。

● 注意身体的正面方向。特别是视线要完全面向身体正面，这一点很重要。

始终保持前进方向线朝向身体正面

上图的状态显示不能朝向正确的方向前进

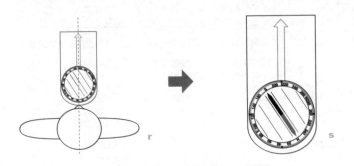

前进到了错误方向时的原因举例

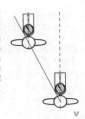

尽管是朝向应该前进的方向（绿色虚线），但是也会有走向错误方向的情况发生。必须始终保持磁针与指北标志线重合状态，向前进方向（绿色虚线）前进。

会有因为南北方向错误而导致走向相反方向的可能性。也会有指北标志线与南北方向重合错误的可能性。再进行一次 110 页 5 项的操作进行确认。

磁针与指北方向标志线方向不一致时，走向错误方向的可能性大。

7 指南针的使用目的与方法

到此为止，介绍了指南针的各种使用方法。下面将其使用目的与适当的使用方法与参照页进行汇总列表，以便灵活使用。

沿此方向下山应该是正确的，你如何确认呢？

此路没错吧？这种情况下你怎么做？

目的 / 精准度	低	中	高
那山叫什么名？ （现地→地图）	只用磁针 （106页①）	带底座的指南针 （108页①）	带底座的指南针 （109页③+④）
是走这条道路吗？ （现地→地图）	只用磁针 （106页①）	带底座的指南针 （108页①）	带底座的指南针 （109页③+④）
○○山是哪个？ （现地→地图）	只用磁针 （107页②）	带底座的指南针 （108页②）	带底座的指南针 （111页⑦+112页⑧丨）
走哪条路好呢？ （现地→地图）	只用磁针 （107页②）	带底座的指南针 （108页②）	带底座的指南针 （111页⑦+112页⑧丨）
测定可见目标物的方向，沿着该方向直行前进			带底座的指南针 （109页③+112页⑧丨+113页⑧‖）
测定地图上的前进方向，沿着该方向直行前进			带底座的指南针 （111页⑦+112页⑧丨+113页⑧‖））
通过一个目标物的方向与现地的状况来把握现地			带底座的指南针 （109页③+110页⑤）
通过两个目标物来确定现地			带底座的指南针 （109页③+111页⑥）
用电话或无线电把握正确方向，把该方向记录到本子上			当地测定：带底座的指南针 （109页③） 地图测定：带底座的指南针 （111页⑦）

指南针的使用方法

⑧ 使用与保管指南针的注意事项

水平手持指南针

使用磁针时，要水平手持指南针，指南针的磁针会在塑料壳里摆动时受到阻碍而导致指示方向出现错误。

水平手持指南针，从上边垂直向下看，这是基本要求。

从上边垂直往下看

阅读指南针时，从上边垂直往下看，斜着看会出现误差。

不要在电器产品和铁制品旁边使用指南针

在电器产品和铁制品附近使用指南针，会导致指示方向不准确。在野外，虽说受包括磁铁矿在内的岩陵带、玄武岩带的影响，

会有指示方向不准确的情况发生，但在胸前高度使用，几乎是没有问题的。不过旁边如果有岩壁的话，还是稍稍离开一些更好。

日本市场上卖的指南针只能在北半球使用

日本市场上卖的带底座的指南针在南半球不能使用。地磁场的磁力线不是朝向水平方向的。水平面与磁力线构成一

同一指南针的N极一侧和S极一侧

红色的是N极，黑色的是S极

个夹角。因为有这个夹角，所以磁针调整重量保证水平状态。

纬度带不同，调整也有所不同。不同纬度带的磁针不能达到水平状态，有时会出现指示错误方向的情况。在日本国内磁力线北方偏下，磁针S极一侧偏重。

照片是同一指南针的N极一侧和S极一侧。能够看出S极一侧稍长一点。

不要接近强磁力

不要把指南针放在扬声器和线圈等附近有较强磁力的地方。使用前在能够确认方位的地方，要确认指示的是正确的方向。

第6章

导航实践

Practice

　　体育运动中，通过训练掌握的基本技能，在实战比赛中却不能活用。这是因为有对手存在，对手并非按训练理论来配合我们作战。阅读地图也是如此。虽说导航没有对手，但是活动的野外因地而异。之前各章解说的都是不可或缺的基础知识，为了能够把这些基础知识活用到野外现场，还必须知道如何应对现场出现的情况。

将地图与周围的实物对应，以判断现地和道路，是进行正确导航的重要步骤。

116

在读图讲习会上，听者一边在山里走，讲师一边讲阅读地图和读取地形图的技巧。讲师在说：道路的前后都是山峰，所以现地是在鞍部。

　　野外导航的基础知识在第 4 章、第 5 章都应该掌握了。当然，这些知识要真正成为自己的能力还需要在实践中多加练习。进行导航的野外环境是多种多样的，并非都是能够按想象的那样用上基本技术的环境。

　　因此，本章将要对第 4 章、第 5 章中学到的导航基本知识进行活用，为此，将逐项介绍其要点。具体做法是带领读图初学者进行远足，在远足过程中发现初学者容易出现的错误在哪里，以及考虑为避免和纠正这些错误应该如何做。

① 实践要点

[不是不犯错误，是把错误最小化]

　　航海导航书中有一节这样写道"在航海结束前，船的位置始终存在疑问。因此，在到达目的地之前，有必要不断地修正航行路线"。这一点也适用于陆地上的导航。优秀的导航员也同样如此，毋宁说优秀的导航员就是在不断地意识错误，而且是能够灵活运用错误的人。对自己所在位置的怀疑，并不是对自己不信任。不单单是持有怀疑，还必须具体思考"即使出现了错误，有可能是什么错误"，这样才更容易发现错误，而且才能把错误造成的损失最小化。"积极的怀疑"才是实践中最必要的，这是心得体会。

预定从天之山山顶附近的a处箭头方向沿着山脊上的道路下山。从山峰向东南的山脊看，可能会在b处出现错误。这种情况下，从地形图中读取了预定的道路中没有c处的陡的斜坡信息，即使在b处犯了错误，也能把错误控制在最小。

[活用风景中的信息]

视线是关键

　　在教材里，确实在现地和保持路线的例题都是容易明白的。

　　然而，实践却与教材不同，必须自己从实际的风景中发现必要的信息。这关键就是视线。在足球比赛中，为判断自己周围的情况，不能光看脚下，要时常抬头看周围的情况，这一点非常重要。

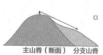

从主山脊分支点分出来的分支山脊时常会有看不到的情况。

　　同样的道理也可以用到地图阅读（风景阅读）上。自己眼前所看到的是一棵一棵的树木或者地形的一部分，这些与地图对应是不容易的。另一方面，水平面以上的远方，有很多容易与地图对应的重要地形特征。这些在第4章的"保持路线"一节中已经指出过了。

　　眺望远处，才能发现不到现场就不能发现的山脊和山谷等地形特征。多数情况下，山脊同图a那样，到了分支点也看不到分支山脊。事先了解一下那个分支山脊及其与主要山脊的关系，那么把

通过分支点前要注意左右的情况，才能把握前方分出来的山脊（○部分是右边分出来的山脊）。

握分支山脊的分支点就容易了。

在发现道路方面，保持视线高一些，对于自己选择继续保持山脊走还是朝山谷前进也更容易明白。

在乱石道路上，山谷线不好辨认，但是看到了远处的水平线，可通过地形的转换把握山谷方向的变化。能够确认山谷方向的同时，即使前进道路迷失了方向，以山谷方向作为基本方向继续前进也是可以的。

根据倾斜方向确认现地

—— 在斜面的这一侧会看到右侧高

—— 在斜面的这一侧会看到左侧高

从主山脊一侧看到的。面对地图上的道路，本该左手一侧高，但是却相反。可以认为是在山脊的相反一侧。

从斜面读取现地的例子

朝a方向前进，自己的右侧方向应该变高，如果左侧方向出现变高，就说明有可能出现了方向错误。

朝d方向前进，自己的右侧方向应该变高，如果在山脊上，那么朝c方向的道路有可能出现错误。

利用倾斜方向

原本"不明显、看不见"，但是，为了明显而在地图上也有使用它的可能性。尽管在地图上不明显，但进入实际的风景中却发现非常明显，能成为确认现地和保持路线有用的信息，其中之一就是斜坡的方向。

在山上走时，自己的左边右边哪边低，即使没有特别注意也会自然地感觉到。利用这一点，尤其是走在实际的道路与地图上描述的道路不同时，能够迅速发现这一点。

左边照片上是远足道路，在地图上从山脊的左边登山。从山脊的左边走的话，右侧比自己高，左侧低。但实际一走会发现，正像照片那样，道路的左侧高。也就是说，在山脊的左侧描绘了道路，但实际是在右侧通过的。结果，与斜面的关系一直延伸到了山脊的鞍部。也就是说，出现在比地图上描绘的道路往右的一个鞍部（照片上图中 d 的位置）的可能性非常大。

自己与斜面的关系容易发现并把握，但比起正确前进方向来说，发现错误或道路不同这一点尤其重要。

[理智思考]

在读图讲习会上，很多时候会出现确定现地的题目，走一段时间，就会问"这里是哪里？"

初学者的讲习会自不必说，即使是大学里山岳部部员、有过登山经验的人也有不能正确回答现地的（回答与正确的现地相差很远）。原本在山脊上，甚至有人回答在山谷里。这或许只是等高线读取不好。虽然是下了山谷，却有人回答成离开了一个山脊。一直在沿着山谷前进，却有人回答登上了台地在山谷中行走。

这些回答，都显示出没有综合考虑经过的路线上的信息。如果对周围的特征观察注意力集中、深刻，并且集中反映到现地的确定上，那么应该清楚不该有的可能性。理智思考得到的各种信息，对于在复杂的山野中把握现地是非常必要的。

不仅要关注现在正在走的地方的情况，还要关注已经走过的地方的情况以及可能遭遇的后来的情况的特征，这些都需要相互联系，理智思考。在此意义上，一边描绘概念图，一边把山域的概要放在脑子里，要不断地注意周围都有什么，把到目前为止见到的东西集中到记忆里，为理智思考提供各种信息来源。

使用地形图的路线进行理智思考训练

下面看一下在右图的路线上移动时，理智确定现地的例子。

从仰木岭北上，计划在标高 670 米的山峰处休息，结果比预想用的时间长了，不确定是否通过了 670 米处。如果没有通过东南偏东方向大拐弯处，就说明还没有通过 a 处，也就没有到达 670 米处。b 处的道路也是向东的，但这里的道路没有下降，所以与 a 能够区别。

最后

实践中，不能够很好运用迄今所说的基本的读图技术的情况不少。比起书本上、解

说性质上的实例，实际的野外环境复杂多样，不一定像书本上说的那样能顺利进行的情况会很多。

另外，书本上能够明确现在使用什么样的技术，但在实践中，要从书本上列举的诸多的技术中判断选择出其中哪一种技术是必须使用的。适当的技术选择，需要灵活的眼光。

已经指出了把握现地的重要性，不过充其量只是完全到达目的地的手段而已。当手段不能顺利推进时，就要选择灵活的方法去实现目标，而不要固执地坚持原来的想法。只要对后来的行动没有形成障碍，

现地暂时不清楚也没关系。有时需要这种判断。反观导航中"安全地到达目的地"这一根本目的，应该有多种多样的解决方法。在制订计划中描述的目标等正是想象的产物。

最初，会感觉发现选择多种解决办法有困难。仅就这一点，凭书本学习是不够的。还需自己积累经验，与专业人士一起在山里实践。这样的实践是提高读图能力不可逾越的步骤。

Bon voyage（一路顺风）！

不会使用地图的人读图

有关方向感差的节目播出以后，曾经与自称方向感差的人一起在街上走。当时，"震灾回家地图"是流行的时髦商品。"没有方向感的我们靠地图能够到达目的地吗？"他们都持有这种怀疑。从新宿到六本木，结果，没有很严重的迷路。但却得到了他们如何不会使用地图的线索资料。

没有方向感的人"不擅长读图"。但是，出发前，从他们的谈话和途中选择道路的情况看，绝不是"不会读图"。在地图上读取道路没有特别的问题，从自己"没有方向感"的概念看，是故意避开太难的地方，也有故意绕远的情况，结果造成选择了更加复杂的道路。此外，就是做计划时预见性不够。

最大的问题是无视周边的情况。

方向感好的人，即使不能判断当时的实际风景情况，也会有"因为还没有通过某某地点，所以继续前进的话，一定会遇到某某地点"这样的判断。相反，方向感不好的人，问题发生时，多是只考虑解决眼前的问题。

充分考虑周边的情况，"刚才通过了某某地点"或是"还没通过某某地点"，这样才能够确定自己现在所在的位置，这一点对于确认现地有非常重要的意义。

自己现在在哪里？确认现地的重要意义，不管是在户外还是在市区内都是同样重要的……

② 实践导航

右手边眼前看到的台阶是登山路的入口。因为不容易明白，所以走过了。

开始的△—
3个地点的区域

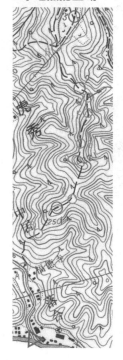

这次远足的地区和
检查点

△ 是出发地点，◎是终点。途中设 1~10 个检查点。

与读图初学者一起进行过远足徒步导航。向他们介绍了实际导航中应该注意的事项，初学者会出现什么样的错误，以及如何防止、应对、处置。

上图，从红色 △ 点出发开始远足，通过红色圆圈 1~10，到达红色◎。下面解说导航地点和地区的要点。

Ⓐ 不容易明白的登山路入口

不容易明白的登山路入口有很多。从读图中获悉附近有寺庙，左手边有河流，距离道路有一点距离。来到这附近，要集中精力去发现登山的道路。

发现了登山道路入口后，还是没有自信。在没有自信的情况下，沿着正确道路前进之后会变成什么样子呢？从地图中读取信息，再前进看看。

稍微前进一点，开始从东北方向直接攀登山脊。这与从地图上读取的信息一致，可以确认是正确的。

Ⓑ 确定现地的失误

这里有 40 米左右的山脊倾斜缓坡，从地图和实地都能清楚明白。在这里有的人出现过一次错误。平时就要有距离感和高度的意识，并且要掌握这种感觉。

地点 1 的前边又如何呢？如果考虑（因为是从山峰下来）的话，那么可以判断还没达到地点 1。

① 现地确认失误

有人错认为是 D。在 B 处，错误地认为是在地点 1 处，从那里攀登，到达山峰，认为是到达了 D。在 B 处即使没有觉察到错误，知道不是地点 1 的线索也很多。比如，比视线高的地方有很多地形的信息，可以从远处看到。从地点 1 透过树枝能够看到比自己高的山峰。如果是在 D 处，不可能有比自己高的山峰。或者山峰上边的道路的方向如何呢？由此可以明白 D 与地点 1 是不同的。

常常考虑出现错误的可能性，获取多种信息，现地确认失误的可能性就会变小。

Ⓒ 因地图上没有表现出来的特征物引起的混乱

有地图上没有表现出来的低矮山峰和道路的分岔。

从地点 1 向左前方隐蔽的 D 的方向前进。同时，利用指南针确认道路方向的话，对前进方向也更有自信。如此在山脊分支的地方，即便地图上没有表现出来但有山峰的情况也很多。

照片里边地点 C 处是地图上没有标注的低矮山峰。

Ⓓ 确认道路方向的特征变化

即使是短距离区间，道路方向完全变化的话，也大多能知道自己在哪里。D 处大致从北向东变化。

Ⓖ 混乱（地图上没有表现的特征物）

这里是山脊的分支点，有地图上没有的低矮山峰。从附近的 F 处步行通过时能够确认向东延伸的山脊就好。（下边照片的绿线）

Ⓗ 确认检查点

这里是输电线与交叉的道路岔口，现地容易确认的地方。前进的道路与等高线平行。最右边的道路，具有朝向东北方向

地点 2 的鞍部。地形容易明白。

123

地点4附近—地点5附近地区

地点6—地点8的地区

的特征。可通过多数能利用的信息确认前进方向。

从 F 开始的风景实物。可以看到从 G 延伸出来的山脊（照片，地图上的绿线）。在如此视野开阔的地带进行地图与实物的对应练习非常好。

ⓘ 因地图的错误引起的混乱

像本章前面提及的那样，主要山脊起伏的部分与地图不同，道路卷入右边的山谷，然后又上了鞍部。从这里可知起伏到地点 4 的西南处的鞍部。

攀上地点 4 的西南处的鞍部，可以明白其与输电线的关系。登上山脊的肩部时，可见右边山谷里的输电

读图得知，应从山脊的左侧攀登，也就是自己的右手一侧应该是变高的。可是，实际上是自己的左手一侧高，应该从山脊的右侧往上攀登。

线。输电线从山谷的上方向左转延伸至远方。从山谷和输电线的关系，可以明白地点 4 位于西南部的鞍部。

Ⓚ 确认登山道路的入口

从车道向登山道路的入口移动。尽管不是很难的地方，但是，初级登山者应先确认了车道的分支点。没有自信的时候，稍微绕些弯路然后再确认道路也是一种好方法。

实际上的车道的分支点与地图不同，不能确认。如此，不明白时，先移动再确认。稍微登上一段山脊之后，登山道路的右边高左边低的斜面向东南方向延伸，由此可知是正确的前进方向。

Ⓜ 地图上没有表现出来
Ⓛ 因特征物引起的混乱

在 L 和 M 处都有地图上没显示的低矮山峰，这里是山脊的分支点。

地图上没有描绘连绵不绝的山峰而引起了混乱，由此现地的把握变得困难了。这种情况下，确认了道路的方向与变化就好。从南

向东南的道路方向变化是 M 地方的特征，也是确定现地的线索。

Ⓝ 因地图的错误引起的混乱

在这一带，实际上有很多登山道路，而且分支点多。为了把握现地，要把到目前为止通过的场所的特征加以理智思考，并使用所有道路的地形信息。在此基础上根据地形与方向选择前进道路。

Ⓞ Ⓟ 因地图的错误引起的混乱

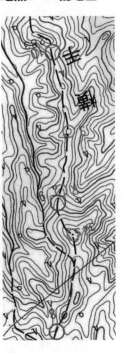

地点8~10的地区

在 O 的位置，没有经过向地点 8 方向延伸的山脊的道路。通过了 O，到了 P，发现描绘的道路不准确时，需要使用导航来确定地形中心。但是，在这种场合下，山脊向外延伸，从 O 处开始分离，只看近处的话是看不到的。看远处的话，一定能看到地点 8 南边的山峰。看远处，能够最大限度利用地形信息。

⑨ 方向走过了的错误

地点 9 倾斜变缓。可是参加者都走过来，发现都过了完全平坦的 R 地了。同时，也明白了地点 9 的位置。最初不明白也没关系，立即发现或注意到是很重要的。

在现地把握比较难的情况下，要提前读取一些"走过了的话会有某某"等容易明白的信息特征，这样一旦走过了，能够及早地发现。

Ⓢ 错误的预见与预防

右边平坦山脊有突出趋势，像这样比较倾斜平缓的山脊上多有道路。而且，没有道路也容易错误地进入。要在这里设置检查点，就能够正确地向山脊前进。

已经习惯阅读地图的参加者确认了突出的山脊并前进。实际上这里没有岔道，但是确认仍很重要，这也与提高导航能力有关系。

⑩ 因地图上没有表现出来的特征物而引起的混乱

地点 10 的前面有地图上没标识的山峰，把前面的一个鞍部错误地当成地点 10。

地图上没标识的山峰的地方是山脊的分支点。事先观察一下距离感和进入左右山谷的方法。而且，因为看上去海拔 283 米的山峰相当高，从远处眺望也很明显，事先把这一情况了解好，就能前进到那山脚下。

以上就是此次的概要。大家可以模仿，试着做做看。

活用GPS

How to use GPS

　　随着车用导航的普及，现在不用通过读地图汽车就能顺利地到达目的地。车用导航仪的中心装置GPS（全球定位系统，准确说法叫GPS接收器），现在顶多200克，简单、方便、好用。用它可以准确知道野外10米范围内现地的位置。为准确到达目的地，如何更好地使用导航仪呢？本章就此进行详细说明。

GPS是谁都会使用的、能够正确告诉你现地位置的工具。但是，野外用的GPS和车用导航仪不一样，不是在移动过程中来为我们指示道路的。

上：内藏详细地图的GPS价格也下降了，非大众线路也都包括在内的、登山者不可缺少的工具。左：是与计算机使用的软件配合使用的，比GPS更便利的工具。照片是登山者在使用GPS不可缺少的软件克什米尔3D软件上用红线画出的GPS信息。

　　GPS 是把握现地的有效工具。然而，与车用导航仪不同，野外导航仪必须根据读图制订计划，保持路线。制订计划和保持路线是通过使用地图和计算机进行导航的基本，使用内置地图的 GPS，在制订计划和保持路线时能够更加方便、准确。

　　本章先介绍使用不需要复杂操作的 GPS 与地图来把握现地的方法。以及内置地图的 GPS 与电脑的组合应用，用 GPS 登录预定路线的使用方法，更好、更有效地使用导航的技巧。

1 GPS

持有 GPS 和知晓经纬度的地图，即使不连续导航，也能把握现地。

GPS 是全球定位系统的简称，是根据人造卫星发出的时间信号电波的到达时间，来计算现在位置的系统，一般情况下，GPS接收器也叫作 GPS。

登山和野外活动使用的 GPS 接收器（以下称 GPS），从手表式的到 200 克左右的小型仪器，价格上从几百元到超过万元的都有。

通常，导航之前要把现地与计划出行路线输入到导航仪里，然后从现地出发。如果出发前不明确现地，也没有计划就出发，那么现地也不知道是哪里了。

有了 GPS，就能了解那里的经纬度。

而且，阅读了确认过经纬度的地图之后，即使不连续导航，也能确定现地的位置。

在山里，沉醉于漂亮的花丛里欣赏花儿，忽然想返回时，却发现已经离开道路很远、不知现在自己在哪里了。就算这样也不要慌，只要有 GPS 和地图，就能够把握现地。如果是 GPS 画面上表示地图的机种，仅靠 GPS 就能知道现地。

不过，导航里必要的"把握现地""制订计划""保持路线"（参照第 4 章）中，GPS 能为我们做的只有"把握现地"。"制订计划""保持路线"还需要借助阅读地图。

活用 GPS

现在开发的登山或户外活动用GPS种类很多，有便携式的，也有戴在手腕上的。

使用 GPS 能够知晓现地，但是为了回归正确的路线应如何做呢？必须阅读地图进行判断。

只有制订了计划，能够保持路线，才能回到正确的道路上。当然，"制订计划""保持路线"也需要读图能力（阅读等高线等）。

不过，还必须考虑 GPS 的测定误差。在开阔的山脊，GPS 更容易捕捉到卫星的电波，因而测定误差小，一般不超过 10 米。可是，在山谷底部、森林地带或空间小的地带，测定误差就大。场所不同，有时会有超过 100 米的误差。多数 GPS 机种都标有大致的误差数值，如果数值变大时，导航时就有必要把误差考虑进去。

测定误差因 GPS 的拿法不同也大有不同。尽量让天线朝上拿着最好。可装在背包最上边的口袋里，把背包的背带竖起来系。

尽管有需要注意的事项，不过用 GPS 导航还的确是快乐有趣的。本章下边就介绍在导航中活用 GPS 的一些方法。

② 使用GPS的基本知识

[画面]

按 GPS 的按钮，画面会依次出现。因机种不同，画面数量和种类不同，下面介绍一些有代表性的画面。

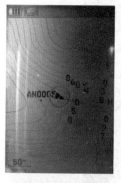

地图上显示的现地位置

捕捉到的人造卫星的数据

GPS上各种各样的画面

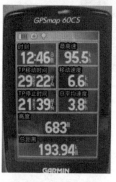

速度、累计距离等数据

现地的经纬度和高度

菜单画面1

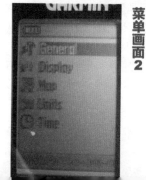

菜单画面2

有的机种其显示画面的种类与顺序可以由使用者自己设定。这种情况下，可以尽量按户外使用方便的原则来设定。

如左页右上的画面中，表示的是捕捉到的人造卫星数。捕捉的卫星数量越多，说明信息的精确度就越高。左上是 GPS 内置地图显示出的现地位置。中间右边画面表示的是现地的经纬度和高度。中间左边画面表示的是时间、开始读取数据时的时间点的最高速度和平均速度、高度、计算距离。下边的画面都是菜单。

［设定］

下面表中列举出的项目是最初使用 GPS 前一定要设定并确认的。

以下逐项进行简单说明。

首先是位置格式。表示经纬度不满分时，有两类情况需要注意，即分的表示方法（hddd° mm.mmm'）与秒的表示方法（hddd° mm' ss.s"）。因为［1'（1 分）=60"（60 秒）］，那么［12.345'］=［12' 20.7"］（12 分 20.7 秒）、［12' 34.5"］（12 分 34.5 秒）=［12.575'］。

如果纬度［.599'］错误地标成了［59.9"］，那么其误差就会是 730 米。一旦出错，经纬度都会出错，会出现最多 900 米的误差。看画面就能知道设定了哪一种，为防止出现错误，必须提前进行确认。

其次是时间，这个对于导航影响不是很大。但如果与当地标准时间不同，看起来就不方便了。最初设定好，之后别再动它就可以了。可设定无夏时制。

使用GPS前必须确认的设定事项

坐标系	WGS84
距离单位	m・km
角度单位	度
位置格式	经纬度
时间	+9小时
夏时制	无
方位基准	正北或磁北
地图方向	北为上

再次是方位基准，因 GPS 使用方法不同相应改变设定比较好。设定道路检查点（通过预定地点）的方位角度，使用指南针确定方向时，设定指向磁北方向。通过将 GPS 表示的地图与纸质地图对照比较把握现地时，设定指向正北方向。

其他项目如表所示，只要按照菜单正确设定就行。

[应该知道的基本操作]

方便型GPS的操作例子

地图画面缩小

地图画面放大

画面切换

长按电源的开/关

转动这个按钮，将
黑色橡胶盖打开以
便更换电池

应该知道的GPS基本操作

1 更换电池或电池的充电方法

2 电源的开与关

3 切换画面的方法

4 地图画面放大与缩小的方法

5 设定的方法
（看着菜单能操作就行）

GPS 有各种各样的功能，完全掌握其使用方法需要一些时间。当然仅仅读一下菜单是不能很好掌握其使用方法的。

与读图、导航一样，掌握 GPS 的活用方法，对野外的实践也很重要。

最好先掌握一些基本的操作。最初必须记住的基本知识并不是很多。我们的最终目的是最大限度地发挥 GPS 的功能，并在野外活动中起到作用。为此，需要记住操作的方法。因机种不同，操作方法也不同，所以先要确认菜单。

活用GPS

3 与地图结合使用GPS

使用地图与 GPS 一起进行导航的方法大致有两种。

GPS 用于现地的把握，主要是运用地图与指南针进行导航，这是第一种方法。另一种方法是把计划通过的地点（道路点，前文中的检查点定位）、路线输入 GPS 中，然后一边看着 GPS，一边再从地图上找不足的信息。

要在 GPS 画面里表示使用的地图时，最好选择使用画面能够表示出 10 米或者 20 米间隔的等高线地图比较方便。这样说是因为在野外活动中，有时会去除了等高线以外没有其他特征物的地方。

[以使用地图与指南针为主]

主要使用地图和指南针进行导航，当不能确定现地或者没有特征物时，把握现地只能靠使用 GPS 的情况下，没有必要提前设定道路点。需要时，使用 GPS 和地图一起把握现地就好了。

关于把握现地的方法，应注意 GPS 里有内置地图（等高线间隔为 10 米或者 20 米）和没有内置地图是不同的。下边分别说明两种情况下的使用方法。

GPS里没有内置地图

GPS 里没有内置地图的情况下，通过 GPS 能够掌握的现地信息（经纬度）与地图对应的线索就只有 GPS 中表示的经纬度了。

因此，首先要在地图上经纬度每间隔 1 分的地方画一条线。下面介绍一下经纬度画线的方法。

手工画网状线

日本国土地理院发行的 1：25000 地形图中图轮廓线的外侧每间隔 1 分就有印记，可以使用这个印记画线。

134 页上图中的绿线就是每间隔 1 分的网状线。

不过，1986 年日本的 1：25000 的地形图式（旧图式）的地图中，并列记载着日本坐标系和世界坐标系的经纬度。这种情况下，要使用茶色文字、单线标记世界坐标系的数值。因为有 134 页上图的具体数值使用说明，希望对大家能有所帮助。

日本国土地理院发行的新旧地形图的不同

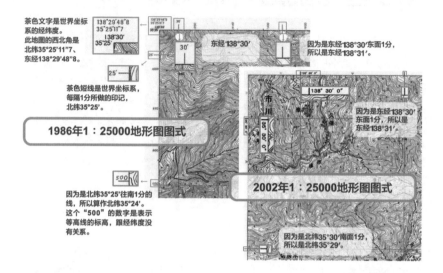

茶色文字是世界坐标系的经纬度。
此地图的西北角是北纬35°25'11"7、东经138°29'48"8。

138°29'48"8
35°25'11"7
138°30'
35°25'

茶色短线是世界坐标系，每隔1分所做的印记，北纬35°25'。

1986年1：25000地形图图式

东经138°30'

因为是东经138°30'东面1分，所以是东经138°31'。

因为是东经138°30'东面1分，所以是东经138°31'。

市川

2002年1：25000地形图图式

因为是北纬35°25'往南1分的线，所以算作北纬35°24'。这个"500"的数字是表示等高线的标高，跟经纬度没有关系。

因为是北纬35°30'南面1分，所以是北纬35°29'。

利用克什米尔3D技术画网状线

利用克什米尔 3D（以下简称"克什米尔"）技术在电脑上画经纬线很简单。所谓的克什米尔，就是使用电脑在地图上表示出 GPS 的数据，反之，把地图上的道路点登录在 GPS 里，可通过相关网站下载使用。

克什米尔还有其他各种各样的使用方法，有兴趣的话一定要试试。网页的正式名称叫"克什米尔 3D"，如名所示，是 3D 立体地图导航，以下载为主，刊载各种地图、画像的信息介绍，确认一下，不妨上网页上去看看。

① 准备

扫描地形图，只把地图部分变成图像，周围部分剪掉。把剪好的地图东西方向与图像水平方向、南北方向与图像垂直方向对应，还必须要了解周围的经纬度。

数据设定为 .jpg 或者 .bmp 格式。

在明确的经纬度上剪切

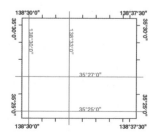

按照蓝色位置上的纬度、经度的线上剪切就可以

② 在克什米尔系统里显示地形图

进入克什米尔系统，点击"文件"→"打开"→"地图"，就会出现画面a，再点击左下角的"打开新地图"，选择事先扫描进去的地图文件，出现b画面，再输入必要的事项。在最上边的"地图名称"中写上自己易懂易记的名字就可以了。从地图左上（西北）和右下（东南）经纬度，计算出正确数值输入。从下面第2排的"地图坐标系"，确认WGS84。

画面a

点击"做成"，扫描到克什米尔系统的地形图就显示出来了。

显示扫描到克什米尔系统地图需要这样的程序。使用克什米尔说明书附带的DVD.ROM中的地形图数据，可以立即显示地图。但是，要注意书上附带的DVD.ROM中的地形图的比例尺和范围不同。

画面b

③ 表示经纬线

点击"表示"→"表示设定"→"经纬线"，就会出现c画面。确认"表示"，点击右侧的简单设定的"1分间隔"。选择容易明白的线的颜色、线的宽度和喜欢的线的种类。推荐的设定如c画面。

其次，点击"经纬线"（辅助线），设定辅助线间隔为10秒（GPS设定为6秒），推荐的"线的颜色"与经纬线同色，线宽为1，线的种类为虚线。

手工操作10秒间隔（6秒），画线需要工夫和时间，所以不推荐。但是，用克什米尔的话，比较简单，最好提前画好放进文件夹里，这样打开进入文件时很方便。

所有设定完成后，点击"OK"，于是，地图上就出现了经纬线。

画面c

④ 打印

点击"编辑"→"确定选择范围"，再选择打印范围。"文件"→"打印"→"选择打印范围"，打印。

如果打印"指定比例尺打印"，比例尺为1:25000的话，就能打印出1:25000的地图。

尽管印刷的地图显示比例尺不正确，但其误差不影响野外导航使用。

辅助线的间隔、GPS表示的纬度、经度为"hddd° mm'ss.s'"时为10秒、为"hddd° mm.mmm'"时为6秒

点击"经纬线"，检查"印刷经纬线数值""分（mm）"。数值表示的间隔、字体及型号大小要设置得容易看。印刷 1 分间隔线边缘是经纬度"分"的数值。经度方向在日本国内 1 度表示 70 千米，所以不能搞错。只有分的表示已经足够了。

随便说一下，日本昭文社的登山地图每隔 1 分就有一条经纬线，这个手工就可以省略了。

在书桌上练习

准备好地图，使用右下角 a、b、c（在同一场所使用三个机种测经纬度）中的数值，在图 X 上的某个地方试一下看看。正如图示所见那样，因机种和设定不同，经纬度表示的方法也不同。不满 1 分的表示用秒或者小数点，下面会解释说明表示方法的不同。

首先把圆规（写在指南针上也可以）对准地图，能够明白看出纬度方向 [1,（1分）] 的距离约 7.4 厘米，经度方向的 [1,（1 分）] 的距离约 6.05 厘米。

分·秒单位表示（mm.ss.s）

数据 a 表示的位置是从北纬 [35°20'（35 度 20 分）] 到北 [52.5"（52.5 秒）]，从东经 [138°33'（138 度 33 分）] 到东 [14.2"（14.2 秒）] 的点。

下页图 Y 的 A 地点处在北纬 [35°20'（35 度 20 分）]、东经 [138°33'（138 度 33 分）] 位置上。

图X

a: 分·秒单位表示（mm' ss.s）

b: 分＋小数表示（mm.mmm）

c: 分＋小数表示（mm.mmmm）

因此，纬度方向为 74×52.5÷60=64.75，上约 64.8mm。经度方向为 60.5×14.2÷60=14.32，右约 14.3mm。这样就明白了从 A 点移动的距离大概是多少。

分+小数表示（mm.mmm）

数据 b 表示的位置是从北纬［35°20′（35 度 20 分）］向北［0.875′（0.875 分）］，从东经［138°33′（138 度 33 分）］向东［0.239′（0.239 分）］的点。

因此，纬度方向为 74×0.875=64.75，上约 64.8mm。经度方向为 60.5×0.239=14.46，右约 14.5mm。这样就明白了从 A 点移动的距离大概是多少。

分+小数表示（mm.mmmm）

因为数据 c 表示的位置是从北纬［35°20′（35 度 20 分）］向北［0.8737′（0.8737 分）］，从东经［138°33′（138 度 33 分）］向东［0.2378′（0.2378 分）］的点，所以与数据 b 同样计算的话，可以明白从地图 Y 的 A 点向上的 64.6mm、向右约 14.4mm。

用以上的数据作图，测定场所时，可知现地在地图 Y 的 B 点附近。

*

上述三种方法表示的 B 点都在红色圆圈中，误差在允许范围内。秒按四舍五入，分的小数点以后第 3 位按四舍五入进行导航，不影响数据的正确性。

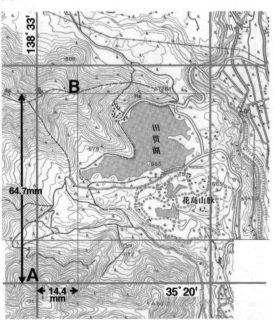

图Y

$$74 × 52.5 ÷ 60$$
　①　　②　　③

这个算式中的①是 1 分在地图上的长度（单位是 mm）。②是秒的数值。③是因为 1 分=60 秒，所以除以 60。不同的区域，填入各自相应的数值就可以计算出来。

利用GPS规尺/标准测定

把握现地，如频繁使用由 GPS 测定的经纬度，使用 GPS 规尺就可以。

像 137 页图 Y 那样制作一个 GPS 规尺，把使用地图的经纬度方向的 1 分长度当作长方形的边，每隔 10 秒（或者 6 秒）画一条网线，把网线分成 10 等分的刻度做长方形的边，印刷成透明的纸片，就可以成为一个 GPS 规尺。

将刻度的数值，上边从右到左，右边从上到下顺着贴，让右边的刻度与纬度数值重合，上边的刻度与经度数值重合，如此，右上角就是现地（参照右下图 GPS 规尺的例子）。

可以在右上角打一个孔，方便在地图上画出现地的位置。

纬度方向的 1 分约为 7.4cm，经度方向 1 分的距离因纬度不同而不同。制作 GPS 规尺时，要在地图上测量经度方向的距离后再进行。

随便说一下，同样的规尺，市面上有叫作"地图指示器"的，能够把经度方向的误差控制在最小范围内。

GPS规尺的例子

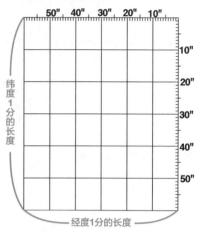

上边 GPS 规尺的例子是北纬35°附近地区缩小到69%的样子

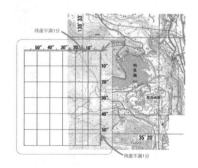

在 GPS 规尺的右上角打一个孔，经纬度重合后，在地图上可以从这个孔写入现地位置。

专栏
Column

在克什米尔软件上表现GPS数据的滑翔回收火箭图轨迹

滑翔回收火箭上的GPS？！

介绍一下 GPS 的另外一种用法。就是有的人作为兴趣用于滑翔回收火箭的使用方法。携带 GPS 接收器飞行、记录下时间经过，同时把记录下的三次元数据与立体地图软件克什米尔叠合，于是，自己飞行的轨迹就能在电脑上立体再现。

不仅限于滑翔回收火箭，遥控飞行器等也是运用同样的手法进行操作，用 3D 数据把自己与机体飞行的轨迹记录下来，尤其是在山的斜坡上利用风的作用在斜坡上滑翔实践，是非常独特的 GPS 玩法。

GPS里有内置地图

以北为上把握现地

在 GPS 里有内置地图的情况下，将画面里显示出来的地图与另一地图对比着看，可以更精准地把握现地的位置。

数据图 d 是图 Z 的哪里清楚吧？数据图 d 与 e 尽管都是同一个地方，不过地图的比例尺不同。设定地图的上为北（画面表示常以北为上），先确定比例尺小的数据图 d 在图 Z 中的位置，再到比例尺大的 e 图中把握现地的正确位置会比较容易些。

数据 d

图 Z

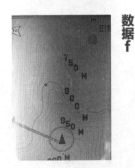

数据 e

数据 f

以前进方向为上把握现地

数据图 f 与 d、e 都是同一个地方，设定以前进方向为上显示地图（经常显示以前进方向为上的画面）。这种情况下，必须从纸质地图与 GPS 地图的一致方向开始，因此，比起以前进方向为上的地图，常以北为上的地图要更容易。

在地图与 GPS 对比的情况下，设定以北为上更方便。因 GPS 的测定误差会产生前进方向的误差，而向与实际方向相反的方向去的例子也绝不罕见。

注意，想标定地图时，把设置的北为上的 GPS 转一下就可以了。

搭载电子指南针的 GPS 所表示的地图可以根据电子指南针进行标定，但是一直盯着地图画面看时，画面会动，所以也不能说这种方法好用。

使用GPS中的地图，在计划上下功夫

一眼看上去，会发现 GPS 画面显示的地图的信息量比较少，纸质地图上的信息量要多得多。

可实际上，我们看现地的范围，比较一下的话，尽管纸质地图显示的信息详细，但是 GPS 地图显示的画面范围更广。利用目测现地所得到的周围信息，可以做出更简洁的计划。

例如"GPSmap60CS"和"eTrex"装有地图，用更详细的、更容易阅读的文字大小显示地图时，可以显示 500 平方米以上的范围。也就是说，半径 250 米（1∶25000 地图上 1 厘米）以内，GPS 地图的特征物都可以通过导航来发现。

*

图 b 箭头所指的地方是图 a 的哪里呢？从有两个山峰的山脊的位置关系可以看出是图 c 的 A 点。

使用 GPS 地图与纸质地图把握现地时，先从 GPS 地图中读取特征物的地形，再从纸质地图上找出来，通过地形与之的位置关系就可以把握现地。

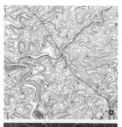

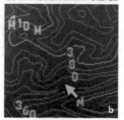

活用 G P S

7

相反，如果 GPS 上显示的特征物地形事先能从纸质地图上读取了解的话，也可以用于计划中。

走在 140 页图 c 用红线表示的道路上时，在 A 点从东北—西南走向的山谷转向北面的山谷前进。要想正确登上山谷，就要在现地确定 A 点。

事先读地图时，已经知道在 A 点附近 GPS 地图上显示的图 b 的特征物是山峰和山脊的话，那么，就可以按着一个简单的计划"那个地形在 GPS 的画面上出现之前应该沿着山谷向东北方向"前进。这个计划不是用来频繁地用 GPS 地图与纸质地图进行对比，而是沿着 A 点前进。

在 A 点详细显示 GPS 地图的范围，就是图 c 蓝色四角形显示的范围。

*

使用 GPS，能够在现地看到在地图上明显的特征物，但是在现地看起来却不明显的特征物，只要是地图上特有的特征物就可以，而且这地形不需要以立体印象展示出来。

不过，GPS 地图画面所显示的并不是纸质地图描绘的全部信息，读取等高线信息是必要的。因此，要读取有特征的地形。

不用说，要找出有特征的地形，有读图技能才能更有效率、更准确。

运用这种方法，在自己的 GPS 里要使详细的地图显示容易看到的大小时，得要知道实际画面表示的广度。另外，地图的表示设定一定要以北为上。

以使用GPS为主（只限于内置地图的机种）

能够显示地图的 GPS 里，输入了道路检查点和道路，在地图画面上显示，看不到地图更广的范围，但是能够看到现地标志及其与道路的关系，可以简单确认是不是在道路上。

进而，在道路检查点上标注名字并显示出来，再携带上描绘了道路检查点的纸质地图，在地图上立即就可以把握现地。

地图与GPS上的道路基准点的例子

把道路检查点和道路检查点名字描绘到地图中，在现场将地图与 GPS 对应把握现地时，一目了然。

道路检查点导航

选择目的地道路检查点，那这个道路检查点在现地的哪个方位？距离现地多远？类似的信息都能显示出来。

GPS 的说明书里记载了使用这项技能导航的方法。朝着箭头→指示的方向前进一段距离，就能够到达目的地。这就叫作道路检查点导航。

不过，日本的山岳地带一般都陡峭，不一定朝着箭头→所指方向直行，所以不推荐这种方法。如果按照这种方法做的话，要注意以下两点：

其一，地图的显示要以北为上。以前进方向为上有一个缺点，就是现地测定的一点小误差，会在地图表示方向上出现大误差，由于这一缺点导致箭头→指向别的方向的情况也不少。确认设定以北为上的 GPS 的道路检查点的方向，用指南针决定前进方向。如果是搭载电子指南针的 GPS 机种，就把电子指南针设置到"开"的状态，这样以前进方向为上就可以了。如果是频繁显示的地图，旋转一下，因为一直盯着看比较麻烦，所以不推荐这种方法。

其二，接近道路检查点的话，可使用地形进行导航切换。如果接近道路检查点时因现地测定的误差会导致道路检查点方向的误差。确认测定误差的表示，当道路检查点的距离变成测定误差的两倍时，就使用地形进行导航。

[道路检查点和道路的输入]

将道路检查点和道路输入 GPS 时，一般使用 GPS 的附属软件，或是使用克什米尔软件。

克什米尔软件里表示地形图，而且可以在其中描绘道路检查点并进行印刷，也可以在 GPS 上加载，所以为防止出错，推荐可以使用克什米尔软件，下面介绍其做法。

先用克什米尔软件显示地形图，（参照本章 135 页），再在克什米尔软件里显示的地图上设定道路的起始点，右

在往 GPS 里输入道路检查点和道路时，一般使用 GPS 附属的软件，或者克什米尔软件，还是推荐使用克什米尔软件，可根据需要在电脑上上网使用。

边点击→"新规作成"→"道路作成"，道路作成就开始了。

在地图上，点击左键，作成道路检查点，设定连接道路检查点之间的直线作为道路。

点击左键，依次作成道路检查点，设定道路的终点，在适当的地方点击右键→"确定"，

登录。

设定道路时做成的道路检查点的名字会自动编号。在这里登录的道路转送到 GPS 上时，需要 GPS 的驱动器，所以需要安装好驱动器。

往 GPS 里输送数据叫作"加载"，从 GPS 向外输送数据叫作"下载"。点击"通信"→"向 GPS 输入预约"→"选择数据"→点击"道路"，再点击右键选择要输入的道路，再点击"通信"→"向 GPS 输入预约"→"选择数据"→点击"道路"，点击右键选择要输入的道路→点击"道路信息"，选择连接方式，再点击"开始"即可。

因 GPS 机种不同，有的通信时必须接通电源，有的必须显示输送的画面，操作时一定要注意。

因机种不同而异，利用克什米尔软件输入的道路检查点在 GPS 画面上这样表示。

设定道路检查点的诀窍

设定道路时把道路检查点放在哪里，会直接影响野外导航的顺利开展。

为把道路和道路检查点之间的直线进行连接，就必须把道路检查点设定在道路的拐弯处。

但是，在不担心迷路的情况下，没有必要设定很多道路检查点。

相反登山谷、下山脊，道路有分支点，前进道路可能会有迷路的情况发生，为了显示出正确的前进方向，就有必要设定道路检查点。

上大文字山的道路例子

图a

用红线表示登山道路，在哪里设定道路检查点好呢？登山和下山时分别考虑一下设定道路检查点的位置。

举例:

登大文字山上山时的道路设定

在 143 页图 a 中，走红线表示的登山道路时，把道路检查点设定在哪里好呢?

从南向北走（面向大文字山登山）时，像图 b 那样进行设定。脑子里要有个意识"大致顺着山脊登"，登山道稍微偏离一点道路，也可以自信地前进。

从图 b 中"01"沿山谷前进，前进方向很重要。为了确定方向，走"02"有必要。沿"03"→"04"→"05"下降，这一部分不是"顺着山脊登"。因为是另外的地方，设置的道路检查点比较多、更详细。

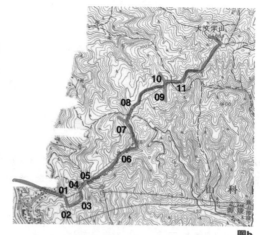

登山时输入的例子与容易走错的山脊
图b

"06"从山脊稍偏离一点，道路的方向没有变化，但还是有道路检查点更好。

"07"从山峰到山脊下来，因为有可能从绿色画线的山脊下来，所以设定了道路检查点。为了判定下降方向，"08"也是有必要设定的。

从"08"→"09"，最初的山脊上有高低起伏，因为山脊细，方向没有问题。

"09""10"不进入绿色画线所表示的山脊，"09"~"11"道路检查点是必要的。

登大文字山下山时的道路设定

从北向南走时，要像图 c 一样进行设定。

从山脊下降时，容易发生下错山脊的错误。容易下错的山脊在图 c 中用绿色先表示出来了。为了防止出现这个错误，在山脊分支处设定了道路检查点。同时，在不是山脊分支处，但道路方向有变化的地方也设定道路检查点比较好。在野外看 GPS 时，偏离道路的话就会从错误的山脊下来，不安的情绪也由此产生。

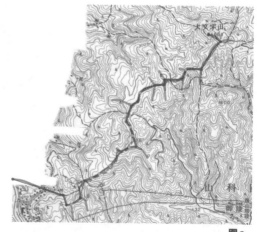

下山时输入的例子与容易走错的山脊
图c

图 b 的 "04" 下山时不需要设定。这里计划从 "05" → "03" 进行"登峰"，没有道路检查点也没有问题。但是，如果是用不能显示间隔在 10~20 米的等高线的机种进行导航的话，GPS 画面是显示不出来"登峰"的，这点需要注意一下。这里有让人意外的陡坡，为了避免引起不安情绪，设定检查点会比较好。

登山时与下山时不同道路检查点的设定

比较前一页图 b 和图 c，我们知道登山时和下山时设定的道路检查点位置是不同的。

图 c 中水色描绘的道路检查点是下山时必要的检查点，随着前进方向，导航也会变化，必要的道路检查点也随之变化。

总之，实际的登山道路与 GPS 中设定的道路会有某种程度的偏离，这一点要留意一下。

打印时道路检查点的名字表示要有适当的缩略

打印从克什米尔软件输入道路检查点的地图时，道路检查点的名字全都印出来的话，看地图会很麻烦，要适当地缩略一些名字。

"表示" → "设定表示" → "GPS"，点击确认"道路检查点""自动选择表示名字"或者选择"名字全部表示"，"只显示分割区间的名字"，予以确认。

这时，字体也要设定为清楚显示的状态比较好。点击"OK"返回地图画面，没有必要显示的道路检查点的名字双击→离开输入到"区分区间的（登山道）"的确认。这样一来，用地图表示的道路检查点的地图名就不显示了。

设定道路作成时，道路检查点是有连续编号的，即使漏掉几个也没有问题。

这里消失的道路检查点的名字，仅限于克什米尔地图里的，GPS 画面上会照样显示 GPS 里设定的，这点没有问题。

打印带有道路检查点的地图

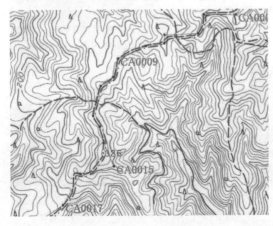

打印带有道路检查点的地图因为文字多了会变得不容易阅读。此等高线间隔状态显示打印后效果比较好。在 GPS 画面上也能够进行间隔状态表示，固此打印没有问题。

[往返路线相同的情况]

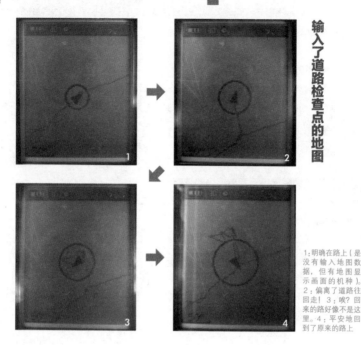

输入了道路检查点的地图

1：明确在路上（是没有输入地图数据，但有地图显示画面的机种）。2：偏离了道路往回走！3：唉？回来的路好像不是这里。4：平安地回到了原来的路上

GPS 能够记录走过的道路以此作为轨迹并显示其地图画面。这一点就连完全不能输入地图数据的机种也能做到，只要有地图画面都能显示。

以北为上的画面标定

显示画面设定以北为上的情况下，经常是北在画面的上方。通过使用指南针标定，能够确认从现地回归道路的方向。如图所示，GPS 的方向与磁针指北的方向重合，就可以明确回归道路的方向应该是红色指针的方向。

价格高一点的 GPS 机种有的能够显示。使用这项功能，能够确认行程通过的道路是否有所偏离，很方便。

另外，以前去过的地方，数据（过去记录的数据）会保留在 GPS 里，只要调出来同样可以使用。

考虑到登山时的迷路情况，下山时也可能会发生，往返走同一条道路是防止迷路非常有效的策略。

使用这种方法时，地图画面要设定以北为上。用指南针标定地图画面，确定前进方向。

偏离道路时，在设定以北为上的地图画面上使用指南针进行标定，回归到正确道路上会很简单。

④ 选择及使用GPS的注意事项

【 选择GPS的注意事项 】

接受 GPS 电波信号的芯片性能因机种不同而异。旧款在森林地带和山谷地带捕捉卫星电波的性能比较弱，会导致测定误差非常大。

在带有 GPS 的手机中，有些在服务区外就不能正常使用。即使 GPS 是能够独立使用的机种，因电池的消耗量很大，使用时可能会出现电池电量不足的情况，从而影响正常使用，这一点要注意一下。

除了常用电源之外，最好选用能够使用干电池的机种，有了备用电池就很方便。电池的持续时间因机种不同而异，一般常用电源也就能使几小时。

GPS 中也有不能显示现地的，这点要注意。一般这种 GPS 都是以分体式电脑使用为前提的机种。

现在，包括功能和造型，市场上售卖各种类型的GPS接收器。可根据目的和用途，进行适当的选择。

【 使用GPS的注意事项 】

电池的持续时间因机种不同而异。刚要使用，遇上电量不足就很麻烦。为此，必须要把握自己的 GPS 的电池使用时间。

电池在去野外之前要充满，还要带上备用电池。另外，记住低温时电池消耗量极大，一定要多备电池。为避免因低温导致的电池消耗，可以把电池放在贴胸的口袋里。电池上覆盖衣服不会影响 GPS 捕捉卫星电波的性能，所以这样做没有问题。

GPS 多数都防水，但也不完全防水，要注意不要弄湿。同时，在有可能弄湿的情况下，要确认盖上电池的盖子或关闭电源接口。

作为精密仪器的GPS，内部湿了就不能工作了。因此接线头和电池开关必须严格密封，这点需特别注意。

第8章

提高导航技术水平

to the masters

本书读到这里，对地图和导航技术有了一定的理解，是不是还想深入或者更灵活地运用呢？先回顾一下作者是如何深化、提高自己的读图与导航技术，并提供一些可提高技术水平的启示。没错，就是通过定向越野比赛和探险比赛来提高的。本章后半部分会介绍这方面的运动。

探险比赛的读图场景。一般情况下，男女混合组队进行比赛，由包括环山漫游、MTB等内容的户外活动构成的定向越野比赛距离都比较长，能够看到有时停下来，仔细阅读地图的场景。

在高水平的定向越野比赛中，要求镇密的读图能力的同时还要求速度要快。因此，不能停下来读图，必须边跑边准确读图。

越是深入导航的实践，越能遇到各种各样的环境。即使同样的活动，但因环境不同，导航的实践方法也不同。正所谓导航是利用环境的特征行为。因此，环境特征不同的话，就会产生保持路线、确定现地以及利用不同特征的必要性，由此计划也会改变。在国外的登山和训练中，因国别不同，自然环境不同是自然的，地形图、路标、导航系统等也会不同。在介绍各国导航情况的同时，不妨看一下在多种环境下如何导航会更好。

① 各式各样的导航

特殊环境下的导航

白色天空下的导航

一般，导航多是依赖特征物和地图的对应，当处于二者不能利用的状况下如何保持前进的路线，这就是白色天空下导航研究的课题。

当地上的特征物不能起作用时，就像在海上导航一样，这时方向和距离就成为重要的信息。为朝着设定的方向前进，使用带底座的指南针是当然的，还需要步测等行之有效的距离确定手段。尽管用步数测量误差大，但是有时在无其他外物可借助的情况下，这种方法也有一定的参考性，只是要注意尽量每一步的距离要均匀，以防出现过大偏差。另外，高度计也能起重要的作用。

实际行进时，不要在恶劣天气出现时才仓促应对，而应提前对目的地的路线尽可能地进行重点检查，对可能成为检查点的地方进行直线上的分割，提前做好地点间的方位、距离、标高（差）等列表。在暴风雪等恶劣天气情况下，使用地图和指南针进行这样精密的作业是非常困难的。

从这个意义上说，计划显得就很重要。当遇到积雪时，从地图读取检查点的特征可

能与实际情况多有不同，所以对上述各种信息全部进行综合判断是必要的。

当然，实际行动时，为保持在雪中的方向、距离等高的精确度，可利用登山绳索，准确对其进行把握，并努力区别于夏季山里的导航都是必要的。

本来，恶劣天气下不行动待着是最好的选择。就连生活在北极的因纽特人遭遇暴风雪时，也是一直在雪洞待着不动直到雪停为止。另外，还需要选择安全的地方，这可以事先进行充分训练，必要时导入 GPS 测位手段。

尽管还没有到达白色天气的严重程度，但是，因为雪和恶劣天气的影响，视界处于非常受限的状态。地上物体已经不能成为特征物了，这时需要更有效地利用导航用具。

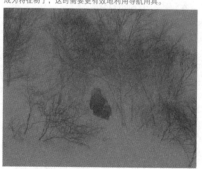

夜间导航

一般情况下，夜间在山中活动的时候比较少，不过，为了在山上看日出的夜间登山和傍晚以后的活动，就不得不在黑暗中进行导航了。

即使戴头灯或持手电，视野范围充其量也只在10~20米，那些白天可利用的地形上的特征物就用不上了。

例如，白天可以看到远处山脊连续的方向，以此为线索，山脊如何连绵不断的情况也很容易看到，也能确认分支山脊的情况，还可以比较容易地把握山脊上的现地位置。而上述信息都是夜间导航不能利用的。

在这种情况下，单纯靠从地图中读取的信息特征来充分把握现地及保持路线是困难的。因此，第5章谈到的指南针的高度的使用方法及第7章介绍的GPS导航此时会起作用。这些在白天作为导航的补充用具，却在夜间导航时发挥着重要作用。另外，GPS对把握现地也非常有效。

与白色天空状态不同，因为是夜晚，就以为什么也看不见，但事实并非如此。有月亮的晚上，对近处的山影还是能有某种程度的把握。即使是没有月亮的夜晚，如果在山谷的话，向上看到的山谷棱线的断面在漆黑的山体与星云暗淡的天空之间的对比还是能够分辨出来的，山谷的方向、大的分支山谷也是能够分辨的。

总之，行动之前，可以使用的信息是什么，导航方面有什么危险，该如何回避这些危险，都是要提前准备的。在这种情况下可以使用的特征物是什么，其导航原则白天晚上都一样。

夜间导航，除了熟练使用用具外，事先在地图上进行确认也起重要作用。

夜间导航的实例

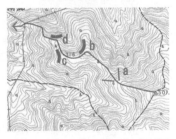

从501的三角点的山峰向西北偏西方向沿山脊下山。要点是必须攀登在a处出现的不明中央山脊，沿着这个方向前进，b、c、d的山脊选择也是个课题，只考虑"碰到了斜面、是左是右"就可以了，黑暗中的路线保持还是比较容易的。

灌木丛中寻路前行

在雨量多的温带气候地区，森林中的杂草等植物丛生，路不容易找。且登山道一旦闲置，很快就变成废道。不过有人就是喜欢在是道非道的地方走。

在这样的区域，因为杂草等原因，视野不开阔，基本处于白色天空或夜间导航的状态，地形上的特征物也不能被充分利用。在山脊上攀登时，"指向上方"没有问题，但下山脊时，随着下降会出现分支山脊，为选择正确的山脊，

灌木杂草丛中的道路不仅眼前视野不好，就连远处的视野也大多受到遮挡。方向感也容易模糊不清。照片中的地方有道路，可以挑选稍微好走一点的地方通过。注意，稍不小心，就会偏离了预定路线的轨迹。

有必要使用指南针以及其他导航用具以保持正确的路线。

很多地方没有道路，必须找路前行。同是杂草丛生，情况也不一样。有的地方易通过，有的地方就不那么容易了。看着5~10米远的前方，尽量选择易通过的地方。不过在这种情况下，如果不注意保持路线，在躲着杂草走的过程中很容易渐渐偏离预定路线。不妨在利用指南针的同时，注意观察远处，可以远处的特征物比如地形或者植物为目标。

[其他国家和地区的地图与导航]

在登山事故中，因迷路而发生的比例在不断增加，登山的安全性也由此开始受到人们的重视。

写完本书后，我兴趣陡增，与海外友人一起进行各自国家因迷路而发生事故的情况调查，并在网上着手统计。

令人印象深刻的是在登山盛行的瑞士和挪威，因迷路而发生的登山事故几乎没有听到过。走一下这些国家的登山道路和远足道路，你就会发现，不管是地图还是道路都有不同。这里，介绍一下海外的地图、登山道以及预防迷路的相关措施等内容。

一些国家和地区的登山地图

瑞士

因美丽漂亮而闻名的瑞士地图，通常在地形图上用红线标示道路。153页地图a是通常用的1∶50000地形图，b是与a同一领域的、加了远足道路的地图。精度高的地图上加之准确的道路记载，可以说，在登山地图领域里，瑞士的地图是最好的。

提高导航技术水平

瑞士的普通地形图

瑞士印有远足道路的地图

挪威

挪威登山人口占全国总人口的 90%，真是名副其实的"登山之国"。

在挪威的一般地图上，远足道路也都专门标记出来（见右边地图）。更有北国特点的是夏用道路和冬用道路（越野赛跑道路和滑雪道路）都被分别标注出来了。

中国香港

中国香港给人的印象是购物、娱乐和美食天堂，但其面积的 1/4 被指定为自然公园，也被称为"远足天堂"。

香港地区发行的地图里，远足道路及其他户外用设施都在地形图上有所标识，且多用示意图来表示，明了易懂，很好用。

英国

由英国 Ordinance Survey 发行的地图，也是把远足道路加入地图中。此外，哈珀科林斯出版社还出版了美丽漂亮的登山用地图。右图是英格兰中部的丘陵地带绘入了自然道的地图。绿线和绿◆连接的道路，是叫作平宁路的长距离自然道。

挪威的登山地图

红色的是滑雪道路，蓝色的是远足道路

中国香港的户外地图

英国的远足道路地图

防止迷路的相关举措

瑞士

地图美丽漂亮且易读，而且登山道路都在地图上有所标注，这些已经介绍过了。在防止迷路方面的措施中，瑞士地图记载了道路的路标以及大量的符号标记。

瑞士的路标与绘有地形图的向导看板

根据道路级别分别用不同颜色标记

但是仅有道路标记，现在走的道路是不是正确的远足道路仍判断困难。不过，像瑞士那样在地图中连续标记路标符号，而且的的确确是在道路上，且一目了然。从安全性考虑，有连续的道路符号标记更好。

瑞士的登山道路还如右图标示的那样，会根据装备和准备情况进行明确的区分。右上的黄色线表示不需要特别的装备和准备，是安全的远足道路（散步道），右下的黄色＋红白线表示一般的登山道路，右下的蓝色线表示通过雪上、冰河上的高山道路，表示需要带冰爪等装备。登山者可根据这些信息并就自己的能力对道路进行适当的选择。

瑞士的登山道路标识

上边是黄色的散步道路

下边是红白相间的登山道路

提高导航技术水平

8

挪威

挪威一点儿也不输给瑞士，是登山大国，400 万人口中，登山协会会员就有 20 万人！也就是说 20 人中就有 1 人是登山协会的会员。挪威登山协会的正式名称叫 Den Norsk Turforening，其中"Norsk"是挪威的意思，"Tur"相当于英语的 tour，在挪威语中表示全部的徒步移动。从广义上讲，包括饭后的散步到登山。

语言学的教材能够反映一个国家的性格。

在挪威也应登山协会的要求，会在地图上标记登山道路。挪威语中"Tur"的第一个字母 T 的路标随处可见。挪威的很多山路多在高山地带，极易迷路走失，这也可以说是一种预防措施吧。在雾中行进时，如果一段时间看不到标 T 的路标，就要注意是否偏离了道路。

挪威的路标

奥斯陆郊外广阔的森林中立着比较整齐的路标。与地图对应，红色的是定向越野比赛用的路标，蓝色是远足徒步的路标。

挪威的山

奥斯陆周围，海拔超过 800 米以上的地区，视野开阔，利于行走。

挪威的登山道路标识

中国香港地区

远足道路设施非常好，走的人也很多。在全长 100 千米的马克利豪斯路上，每年 11 月会举行路上远足徒步大会。近几年举办了多次跑步比赛大会。

因地处中国南方，绿色植物丰富，山多是火山爆发形成的，后又变成了草地，在路上行走可以看到远处的高楼大厦以及散落在海里的岛屿。高楼大厦和自然映照下的风景是在中国香港徒步的魅力所在。

不管徒步路长短，设施都很好，多数场合下都设有路标。而且路标和重要场所还有 UTM 安全管理坐标标识（参照 183 页附录中的"用语解说"）。

中国香港地区的路标

一边眺望欣赏高楼大厦一边徒步远足，这是在中国香港徒步的乐趣。

迷路了，人们多数会用手机求救。但是，很多情况下，想求救却不能准确传递出迷路所在地的位置。不能准确传递在山里的位置，尽管救助队出动了，但救助晚了的例子也不少。如果有安全管理坐标标识，能够明白自己的所在地，就能传递出准确的信息。

在徒步线路上安装 UTM 安全管理坐标标识，实际使用的情况很少，但有了路标的话，就会唤起对 UTM 的重视，香港在风险管理这一点上，有值得学习的经验。

设置的 UTM 坐标标识

英国

在英国，除英格兰和湖区以外，堪称登山之外的徒步王国。自然的徒步道路很发达，从数百到数千米长的自然徒步道路都有，重要地段都设有统一的路标。在山岳地区比较容易迷路，因之发生事故的情况多一些，在苏格兰 30% 遭难事故是由于"导航不熟练"所致。

英国的路标

英格兰中部大多是这样广阔的荒野丘陵地带，适合徒步和远足的地方随处可见。

提高导航技术水平

地形与导航

挪威南部山岳风景。高原与湿草地一望无际，即使大众喜欢的地域，走半天也见不到人。

登山人口数量多的瑞士和挪威，因为迷路而遇到事故的人少的原因之一，无疑是道路路标设置得好、路上的标志符号完备。还有很大一部分原因是其地形和植物植被状况。

地处北方的挪威，森林中容易通过的地方多。在奥斯陆周边，海拔超过 800 米，就超过了生长界限。再往上，就变成了视野开阔的高原了。除了一部分山域地区外，地形大多都是蜿蜒起伏的丘陵和山谷。

在瑞士，登山者和远足者常去的山域中，海拔低的地方多数因植物的原因，成为森林中容易通过的地方，山脊和山谷特征不会因水流侵蚀作用而那么明显。从这一点看，登山者误入野兽出没的道路和山间作业的废道而迷路，甚至转来转去，最后受到植物和地形阻挡而进退维谷的情况比较少。

正像迷路遇难与该地域的地形和植物有关一样，导航也与该地域的地形和植物有关。使用地图进行导航，地形上的特征起着重要作用。因此，没有特征的地形，依赖地形进行导航就难。反过来说，这种情况下，地形上的障碍也少，依赖方向的直进导航是有效的。研发了带底座的指南针的北欧就适合这种情况。

那么，日本的自然环境怎样呢？在造山带，山在继续隆起。因气候温暖多雨，山体经常被侵蚀。因此，形成了明显的山脊和山谷。而且灌木杂草很多。在这种地方，依靠方向直进的导航效果不好，而且，更多时候是不可能导航。倒是依靠地形进行导航做起来容易。山峰、山脊、山谷自不必说，根据其坡度读取其地形的不同，确定现地的检查点，这些都是日本地形特征能够做到的。同时，前进道路与山脊、山谷等线状相连的特征也容易判断。实际的登山道路多为这样的地方。

从这个意义上说，带底座的指南针在斯堪的纳维亚半岛是有用的工具。在日本只限于局部地区起作用。当然，确实能够发挥威力的情况也有。毋宁说，通过标定发挥地图与地形特征对应的重要作用，在日本体现得更明显。

可以说在 GPS 方面也有同样的情况。登录道路检查点，利用检查点进行导航，导航显示在机器的附属解说书中、GPS 能够显示的道路检查点及导航信息，成为目的地检查点的方向和距离。与指南针直进同样的原理，这些大多在日本的野外不适用、没有效果。

这样的山域在环境上具有怎样的特征呢？在这种地方有效的导航方法是什么？这些问题有助于导航技术的提高。

② 快乐地导航

读图与导航是在野外安全进行活动不可或缺的技能。而且，导航在野外活动中还能够带来乐趣。凭自己的力量确实到达目的地时，或者仔细阅读地图，当地形如地图上描绘的那样出现时，一定会有很大的惊喜和成就感吧。

任何时代，运动技术都是从实用技术发展而来的，导航也不例外。在野外活动中能够享受导航乐趣的人，就把导航本身当成了一种运动。这里就介绍一下野外导航及户外运动。

[定向越野比赛]

以导航为目的的体育运动的代表项目是定向越野比赛。该比赛出现在 19 世纪末的北欧，以军队的训练为源头，其内容进行了民间游戏化。在定向越野比赛中，首先在野外设定检查点，然后用地图和指南针巡回导航，最后看先到达终点的时间（用时最少的获胜）。在地广人稀的斯堪的纳维亚半岛，为了保证自己的安全，作为培养技能的教材，游泳和定向越野成为学校体育课的必修内容。

定向越野比赛的竞技画面

如何正确地及早发现地图上的检查点（照片上白色和橘色相间的标志桶）是胜负关键

定向越野比赛要求速度的同时还要求正确的阅读地图能力

该运动发起之初使用的国际联盟公用语是德语，所以用德语 orientierungs-lauf（定向跑）表示。

取 orientierungs-lauf 首文字，也有称之为 OL 的。而英语 orienteering 的后缀中没有 L，就短缩成 O，读"欧"，叫作"OL 俱乐部"。还好，在大学里也有被称为"同好会"的。总觉得听起来是个怪怪的俱乐部。

在日本，1964 年东京奥运会后的 1966 年，作为增加国民体力的一部分引入了这项运动。现在全日本各地有超过 600 条常设线路。这些线路任何人、任何时候都可以使用，可以练习读图，也可以增强体力。野外活动设施中建有很多定向越野比赛线路，远足和自然体验活动作为大众喜欢的项目也经常举行。

因为日本普及了这些运动，定向越野比赛一般作为远足、徒步等运动的延伸项目而进行。也进行过这些项目的日本杯和世界杯的竞技比赛。在最好的参赛者中，有全程马拉松的最好成绩是 2 小时 15 分钟左右的选手，也有越野比赛的欧洲冠军。

我周围有很多人为了学习登山及导航技术而开始进行定向越野比赛，并且深深地爱上了这项运动而不能自拔。阅读地图、寻找检查点、到达目的地时的喜悦或许是定向越野比赛的魅力之一。同时，围绕线路进行导航的交流也很有乐趣，并且可以向他人学习导航技术。

现在日本每年大大小小的比赛和练习活动有 200 次左右。比赛会根据性别、年龄、经验等进行详细的分组，高水平的选手可参加 12 千米以上的各种线路，还有 3 千米左右的轻松线路。各地还有以当地地域为基础的俱乐部，提高技术的同时还可增加友谊。

定向越野比赛用地图

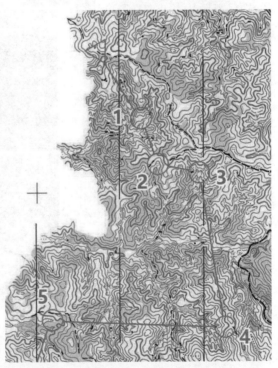

以地形图及 1∶50000 的森林基本图为基础，使用实施了详细的实地调查的地图

[大规模限时定向越野比赛]

定向越野比赛中，有一种项目叫得分定向越野比赛，在限定的 90 分钟之内，看谁巡回找到的检查点（设定的到检查点的距离和难易度不同得分也不同）更多。限时定向越野比赛就是这个项目的大规模比赛。从限定 3 小时的迷你版，日本已经发展到最长 12 小时的加长版了。国际上已经发展到 24 小时一整天的限时定向越野比赛，并举行过世界规模的比赛。

朝向目标点的导航能力是必须有的，此外，如何有效利用自由巡回检查点的作战要素也起很大作用，这也是这个比赛更吸引人的要素之一。

比赛之前，即使做了计划，但实际导航时发现与自己的计划不一致，或是比计划的早了，没预想到的事情接连出现，这时就需要有随机应变的灵活性，这也是比赛的乐趣之一。

现在，比赛在日本菅平、朝雾高原、奥武藏（埼玉）进行，参加者不仅有定向越野比赛者，还有山地自行车骑行者、路跑者，他们需要在长时间的体力锻炼的同时还能够进行阅读地图的练习。该项目现在变成了所谓的户外不同种类项目的交流比赛了。

限时定向越野比赛场景

需要协商在规定的时间内先找哪个点、按什么顺序找。

［探险比赛］

在进行综合的、大规模的定向越野比赛中，有一类是要面向目的地边读地图边巡回寻找检查点的比赛。

与一般的定向越野比赛很大的不同是这种比赛运用了皮划艇和MTB（山地自行车）等多种移动手段，日本国内短的比赛一般要1~2整天，国外也有持续数天的情况。被称为世界冠军比赛大会的国际知名的比赛有的超过10天。

比赛中，不仅需要导航能力，还需要皮划艇及赛艇、海上帆船、升降、MTB/悬垂下降等各种户外运动技能。另外，整个比赛所需的全部用具的准备能力、分配能力及管理能力都会成为比赛的关键点。

该比赛的另一个特征是，必须3~5人组成一个队进行。还有规定其中必须至少有一名女性参加（日本的比赛中多设男子组和混合组，令人不可思议的是混合组的成绩经常好于男子组），因此，全体队员必须相互配合不同的体力与技术，各自使出自己擅长的能力、互相帮助是很重要的。队伍中只要有1人弃权退场，全队就失去了比赛资格。

男女混合组组队完成各种项目是这类探险比赛的特点之一。

探险比赛时各种各样的场面

队员们乘坐一条小艇顺河而下，是真正的团队比赛。

所有项目都必须寻找检查点。照片是夜间山地自行车赛段。

与定向越野比赛一样，要在地图上寻找检查点。照片是夜间拍摄的。

大家各自都处于非常辛苦的状态下，为了完成共同的目标任务，一起走到终点而相互帮助，有时会发出"辛苦了""再加把劲啊"相互鼓励的声音。探险比赛也是检验是否具有真正的团队精神的活动。从这个意义上说，这项运动不仅是对体力、智力的考验，还是对人性的考验。

比赛是时间的比赛。通过长时间的比赛，到完成比赛已经可以充分体会到充实感。日本的比赛多是1天甚至2天。当鞭策着自己疲劳与肌肉酸痛的身体走完赛程时，那瞬间的充实感是最让人难忘的。

探险比赛事先的计划也是很重要的，它对比赛影响很大。

读图讲座与登山实践

读图与导航技术的学习，通过参考本书自己登山实践是可以的。但是，自己学习有局限。最好的学习方法是跟专业人士一起在野外一边走，一边学习他们从地图和风景中读取了什么，以什么为线索来确定现地、保持路线的，另外信息少的时候是如何进行判断的等等。山岳会和登山小组组织类似的活动很多。不属于登山小组的人也可以参加讲座和登山活动。

读图讲座

在屋内的讲座上，液晶画面上显示的是白色小艇上的风景与地图，主讲人在描绘读取的信息，同时，让听讲者描绘自己读取的信息，由此来学习读图的要点。另外，在作者举办的读图讲座上，会让听讲者阅读即将走的线路的地图，并从中读取必要的信息。读取信息是读图最基本的，还有更深奥的东西，有问题才会有答案。

③ 熟练掌握导航技术之路

即使基础相同，为了到达目的地如何使用导航技术也是因人而异。

指导定向越野比赛时，从如何掌握导航技术，也可以了解到每个人的个性。有的很快就能学会读图、把握要点，非常聪明，也有的怎么也不开窍，花费很长时间才能学会。

笔者村越和宫内都是通过不同的时间和状况来学习掌握导航技术的。

为给读者学习掌握导航技术提供参考，作者二人是如何掌握导航技术的，我们来一个自传式总结。

[喜欢地图，但粗心大意——村越 真]

对山与地图有一种亲近感

父亲原来是气象厅的工作人员，在富士山测候所工作之后，几次被选做南极观测队员。南极观测队在日本，冬天要进行山里的训练，因此登山用具就理所当然地堆放在孩子屋里的一角。母亲也喜欢登山，因此身边有与山和地图相关的东西。青春期之前，家里就有登山用的镐、杖、斧、靴子之类的东西。

虽说如此，但是也没有受到关于登山以及地图特别指导的经历。然而，对于地图，从小学低年级时就显示出特别的喜爱。2007年6月，拆自家8代家传的仓库时，要处理小学时代的画图及手工等作品以及书本等物品。其中有小学一年级时画的从学校到家的上学道路地图。从发展阶段来说，小学

小学五年级时，用了一个夏天制作的丹泽地区的地形模型。

一年级还画不出像样子的地图，但是，我画的立体图与地图以及上学道路的地图，如果说是成人画的也完全相信。

小学四年级开始学习地图，等高线也是学习对象。村里的教材店里有卖地形模型的。拜托父母给买回来一个。当日就做了出来，现在还放在工作室里。小学五年级时，就想做一个正规的地形模型，于是买来了1：25000的丹泽地形图，制作了模型。通常，地形模型的高度强调要比水平方向高出数倍，小学生专注地制作了1：1的模型。1：25000的计曲线的50米为1段，需要2毫米的纸板，从文具店和纸张批发店找2毫米的纸，最终还是找到了。2毫米厚的纸板用一般的裁纸刀和雕刻刀还切不开，最后使用木工用的锯子，忙了一个暑假才做成了模型。

从定向越野比赛到地形图

对地图感兴趣的自己，知道定向越野比赛并开始这项活动是很自然的。而且阅读地图方法的学习及训练也是从这时开始的。

喜欢地图，但才能方面，毋宁说无才。原本是个粗心大意的人，所以与此书中详细周到的说明、信息读取、分析以及保持路线、把握现地等方面，性格是相反的。能够克服自身性格上的困难，也完全得益于自己不服输的性格。

因为是比赛，失败了，名次就会下滑。在某次大规模的比赛中败得很惨。要想不迷路就必须要经常注意阅读地图，学习、掌握必须应该掌握的知识和技能，那还是高中一年级的时候。那时，自己也不清楚为什么导航能力变得强了。

制作地图与指导体验

不断进行定向越野比赛，读图能力着实提高了。也形成了具有自己观点的读图观注点和注意点。进入大学后开始了真正的训练。为了训练到山里去跑，定向越野比赛的读图对于使用1：25000的地形图进行导航能起作用。

1981年开始参加定向越野世界杯的比赛，但是，当时日本还没有这方面的教练或者指导者，那时所

进行定向越野比赛的地图调查，在山中到处走，修正等高线，在基础图上绘入小的特征物，绘成了详细的地图。等高线的读取能力，取舍选择解释等，熟练使用地图符号等所有能力都得到了锻炼（照片是世界一流的地图达人、作者的友人羽鸟氏）。

谓的技术就是村越流派的技术。参加世界杯的选手谁都会阅读地图。问题是如何在短时间内读取地图。错误（路线错误）是决定比赛的胜负因素之一。北欧详细的地形如何能够被正确快速地读取呢？1987年，开始接受北欧及瑞士世界水平的教练培训。当时才明白读图的关键是计划，即读取必要的最小限度内信息的想法。

当然，这样的想法对于分秒必争的定向越野比赛运动来说是需要强调的，但想法本身与一般的导航还是适合的。

地图，尤其是地形图不仅仅是为野外活动和导航制作的。因此，其中有很多对于定向越野比赛不必要的信息，以及其他各种各样的信息，可以不用全部关注。不妨说说话，欣赏一下周围的风景。从地图信息中选出有用的信息的这种想法是一般导航所必需的。具体方法在本书制订计划的章节中有相关描述。

对于提高读图能力，本人有两个经验：一是制作地图，二是作为教练的指导体验。

在竞技化发展的1980年之后，定向越野比赛中，使用的不是1∶25000地形图，而是1∶50000的森林基本图和进行详细的现场调查用地图。

地形图的等高线大致是正确的，但是，对于要求5~10米精度的定向越野比赛来说还是不够的。因此，要在地形图上加注没有记载的信息（如杂草、高度1米左右的岩石等），并对等高线进行修改。通过这种工作，可以提高并掌握等高线的阅读能力，尤其是从等高线转换到实际地形印象的能力。进而把地图中描绘的东西在现实中做出舍舍选择，现实绝不像地图描绘的那样，必须意识到有些符号的解释也是有弹性的。

对于多数登山者来说，没有制作过地图的经验吧？但是，作为读图的一个环节，思考一下地图用等高线如何表现，描绘表现地形，促进对等高线的理解，二者是相关联的。日本文部科学省登山研究所里以专业导游和一流的登山家为对象开展读图讲座时，用枕头和被单现场制作了山，然后对其进行等高线课题的制作，大家反应很好。这样的游戏也是阅读地图的乐趣之一。

另一个提高读图水平的方法是对定向越野比赛的指导。

我赴任的大学里，偶然发现一个定向越野比赛俱乐部。俱乐部自身的历史很长，

指导初次接触定向越野比赛的大学生，要让他们反复思考"地图阅读是怎么一回事"。

学生每年都有进出。在高中，几乎没有定向越野比赛俱乐部以及定向越野比赛这项运动。

因此，新入俱乐部的多是定向越野比赛运动的初学者。在那里的两三年里，我埋头专心指导学生，也作为特邀教练到其他大学的俱乐部参加集训。教初学者正确的读图方法，而且还是在短时间内，自己重新意识到尽自己可能还是不能很好地教学生。

自己本无意识做的等高线读取要点清楚地意识到了，计划的事情实实在在地完成了，这些都是指导学生的副产品。书桌上的练习方法、现场的练习方法如何做才好。所有视点、各种各样的情况都是 30 岁之前考虑过了的。写出了专家和一般登山者两者都支持的教材（《防止迷路：最新读图术》）也是得益于这样的经验和思索。

教授的体验，经常会带给我新的发现。自己无意识进行的身体动作，对于初学者来说就需要按文字表述的那样手把手地指导。

从 2001 年出版了面向登山者的读图书之后，以登山者为对象的演讲、讲座以及写解说和报道文章就多了起来。每当面向登山者进行读图讲座时，脑子里就会想初学者在哪里会受到挫折，自己在哪里不会受到挫折。把这些内容语言化的同时，还在摸索十分自然地掌握它的办法。2001 年写读图这本书时把没有注意到的内容写到了本书里，也是因为这个原因。

尽量地亲身实践讲座和杂志报道的内容，为此，出了很多模仿导航的问题。思考问题，也是重新考虑自己的视点与技术的机会。通过这样的书，更好地实际感受读图的深奥，自己无非就是这样而已。

*

某种程度上说，自己尽力指导后辈，清楚地解析说明，耐心地观察后辈在哪些方面会受到挫折，这些做法也是对自己技术的认识，必将成为自己坚实基础上的重要内容。

另外，同事间相互提出现地把握的问题，在理解导航课题本质的基础上，可以成为不错的训练练习。这个做法也推荐给迎接考试的学习者。

从研究中得到确凿证据

研究活动对于加深关于导航的思考起了很大作用。

原本我的志向是进行认知心理学的研究，对会读地图的人与不会读地图的人之间存在的区别进行研究。本书中的一些技巧，多是我自身的实践体会以及研究得到的登山专业人士通常进行的事情。

例如，某种程度地聚焦现地时，会有多种候补，检验哪个是正确的程序，从专业人士和初学者的直观感受可一目了然。

与人类学者的共同研究也很有意思。从在特征缺乏的北极冰原上狩猎的因纽特人，到划着一叶小舟在连个岛影都见不到的几百千米广袤的大海上航海的密克罗尼西亚人，再到热带丛林中采集植物不会迷路而回到帐篷的马来半岛上的人们。人类学家记录下的他们尽管对导航的看法和使用工具有不同，但使用地图的熟练方法却有不少共同点。

举一个例子，密克罗尼西亚海洋民族，从远处瞄准一个岛屿时，先不直接朝向目的地，而是先向东。目的地是珊瑚礁的一部分，目的地的东边有一片珊瑚礁相连，西边是一望无际的大海。而且目的地的前边也是没有珊瑚礁的广阔海域。直接面向目的地，近代之前的船不能保持完全的方向。如果最初就面向目的地向西偏航的话，目的地就看不到，只会去向一望无际的大洋，只有等死。但是，最初向东偏航，即使航线有点误差，也能到达环岛礁的某个地方，然后再往西寻找到达目的地。

这个方法，实际上与定向越野比赛中竞赛者不迷失自己现地方向，在特征很少的森林中直进的方法完全是同样的想法。

在野外陌生的空间移动的人们，常伴有果敢勇猛的印象，他们果敢不是不知道害怕，毋宁说是胆小害怕而心细。其心性与现代的顶级导航器很像——在空间自由移动，安全地到达目的地。人类在漫长的历史中、在连绵不断延续而来的文化中，感知到自己的存在。

探险比赛
漆黑一片的黑暗户外
清一色的全白户外

作为定向越野比赛中的顶级选手，在接近结束该项运动时眼光就转向了探险比赛的世界。本人作为定向越野比赛选手的教练被邀请参加了探险比赛。

探险比赛还没有全国统一的规则，不同的比赛差异很大。

有户外版的铁人三项那样的体力比重高的比赛，也有导航比重高的比赛。

我选择参加的是导航比重高的比赛。比赛区域广的探险比赛，使用1∶25000地形图的情况多。当然，我有读图的自信。

可是，我的自信最初就被打破了。探险比赛有彻夜进行的，也有定向越野比赛中要求从杂草丛生地带以及山脊通过的。第一次参加的真正比赛是安云野两日赛。夜间穿过超过身高的杂草丛生地带的山脊并下降4千米。在保持路线（第4章）中提到的那样，山脊越往下越宽，因为是夜间，视野有限，即使用强光手电，也只能大概了解4~5米前方的情况。在杂草丛生的地方找山脊线很

提高导航技术水平

村越在探险比赛中的情景，与队友一起到达终点。

困难。因地图上没有描绘的山峰，也几度被迷惑。导航家的自信彻底被打破了，但是，同时又发现了新的导航课题。

冰原上有雾和雪的时候，视野全是一片白，别说前进道路，就连哪里是天空哪里是地面都分不清楚，这样的困难状态叫作白色天空。而在探险比赛中简直就是清一色的户外或者漆黑的户外世界。黑暗中依然有可使用的信息。被杂草覆盖依然有线索。越是信息少、有困难，越需要正确地实施基础的东西。细心的思想准备在极端的情况下更是必要的。

第二年的比赛也是彻夜进行的。夜间的导航和穿越杂草丛翻越山脊也习惯了。黑暗中想象的是"上完斜坡开始对面的下坡，确认后找到山脊线，维持左边山脊线方向的话一定能够看到检查点"。抬起戴着头灯的头，正面的检查点的反光板折射过来的光，这种快感，越是在恶劣的条件下，越能体会到。

进一步的课题

2000 年 3 月 5 日，日本北阿尔卑斯大日岳，发生雪檐雪崩，当时文部省登山研修

冬天山里的导航失败直接与生死攸关。因降雪地面发生的状态变化，各种各样残酷的气象条件导致用具的操作困难。自己果真能够在这样的环境下进行导航吗？

所的冬季登山研修会的参加者被卷入雪崩事故中，有 2 名学生死亡。

　　这起事故后，讲师被指定为业务过失致死嫌疑人（此为不起诉处分）。在事故检讨过程中，崩塌落下的雪檐没有经历过这么巨大的，另外崩塌落下的不是雪檐的前端，而是雪檐的后部。作为民事诉讼和解的条件设置的安全检讨委员会认为这次事故的详情得以了解。法官认为问题在于讲师的危险回避

义务中，包括导航问题。注意雪檐崩塌下落是冬季登山走山脊时的常识。但是，没有躲过雪檐，如果离开雪檐 10 米左右就会是安全的。

　　实际上这时的隔开也保护了他们。崩落是从前端的 17 米处的山顶开始，那里被雪埋盖的山棱有 20 米以上的距离。也就是说，现在的常识"距离雪檐前端 10 米回避就可以"是不准确的，必须把握雪中埋盖的山棱

位置的绝对精度基础上，在 10 米之外活动。

此次诉讼，原告方证人主张对为此进行的导航方法进行分析。尽管法院的判决没有被采纳，但是就方法来说，大概精确到 10 米以内是困难的。例如提到的带底座的指南针，通常其误差控制在 3 度以内已经是尽最大努力了，前进 200 米就会产生 10 米的误差。岂止如此，就连登山中认为精度可达到十分精确的 GPS，对这次雪檐塌落事故的发生也有可能始料未及。在这种环境下，自己究竟能做些什么呢？想到这里，就觉得"导航大师"的称号有点自不量力。

为了检讨会，学习阅读了《雪崩风险管理》（山与溪谷社）一书，其作者布鲁斯·特朗普阿（Blues Trumpar）在书的最后也以"何时自己能成为雪崩方面的专家就好了"为结尾，谦虚地结束了该书的写作。

面对各种残酷的自然环境，必须要不断思考技术的进步和创新。

"成为导航大师"永远在路上。

成为受试者

平时作为研究者，总是把其他人当做受试者，此次自己成了受试者。那是自己的专业读图方面的测试。关西大学的青山先生进行的对登山者读图能力的调查，在"岳人"（东京新闻）上刊登了调查结果、同时招募受试人。作为主办读图讲座的自己，究竟读图能力是什么情况，抱着这种心理报名参加了。

从福知山线上的某车站出发，经过了山村附近复杂的地形。前半部分的实验是在青山先生后面走，青山先生停下的地方，就在 1∶25000 的地图上记录下现地。误差在 50 米（2 毫米）以内得满分。

开始时，对要求的水平不清楚，加之与平时的定向越野比赛不同。青山先生不让看地图时就不能看，所以记忆很累。自己有点自负，不想成绩太差，因此有点紧张。与初次见面的先生一味地沉默不语走路有些尴尬，就开始搭讪说话。这又增加了认知上的压力。女性多自称"没有方向感"，是因为被闲聊分散了注意力吧？

感兴趣的是当问道"可以看指南针吗？"回答是"唉，这里允许和不允许结果都没有什么差别"。

视野不好，在山脊与山谷的方向不断变化的低山地带，指南针是聚焦现地的重要工具。如果允许使用工具，成绩是会不一样的。几乎所有人都不知道"指南针是聚焦可能性的工具"。

测试的后半部分，整个山体在脑子里有了印象，也了解了地形的特点，登山就变得愉快多了。10 个地点的测试，其他人都偏离得多，唯有自己一个人得了满分。尽管正确答案以用 GPS 测定的位置为基准，但是看其显示的结果，比起 GPS 米，倒是自己选择的地点有几处更接近正确答案。

[追求导航——宫内佐季子]

和地形图的相遇

日常见到地形图是 21 岁打工时，制作了道路两侧的岩石等危险调查报告书上附带的调查位置说明地图。一天 15 个小时，长时间与地形图和道路台账对眼相视。

道路台账是大比例尺的，几乎没有详解和省略。与此相反，地形图却是详解和省略都有。而且，也有新建道路地形图上没有反映出来的。旧的地形图中，有的道路图中断，在这样的条件下，在地图上确定正确的位置，数月来一直做这样的工作，对地形图的详解和省略当然能理解了。

拴着绳子下挂在道路一侧，调查龟裂的岩石。

与导航的相遇

22 岁时，跑马拉松伤了脚，不能在铺修的道路上跑了，心想"在山上跑，脚的负担会轻吧"，抱着这样轻松的心态参加了京都府的山岳竞技队的练习并参加了国家级的体育比赛。

当时的山岳竞技比赛中，有叫"踏查竞技"的读地图项目，只要有兴趣读图就可以成为队员。因为比赛的结果只是看着地形图上描绘进去的内容，所以一开始并没有迷路，记得大致进行了地形把握方面的导航。

参加探险比赛

在山岳竞技国家体育会场上与探险比赛参与者田中正人氏相见，他 23 岁开始参加探险比赛。观看比赛的录像，参加练习会，做什么样的练习好，现在回想起来当时是茫然的。那时日本人最好的成绩是第 11 名，他决心要取得比这更好的成绩。

探险比赛（详见 161 页）包括睡觉时间和比赛时间，基础分配和作战都重要。在地图上想象现地并估算所需时间，做食品计划，导航困难的地方尽量在天黑之前通过，要调整好比赛与睡眠时间。读图能力可明显反映到比赛成绩上。

提高导航技术水平

不断提高导航与技术

迄今为止，为了探险比赛学习掌握了各种项目技术，其中在能力上不够的就在技术上弥补。为学习探险比赛需要的导航技术，26岁开始进行竞技定向越野比赛。

但是，定向越野比赛对于我来说的确是个困难的项目。全力去做，但是立马就出错，不能很好地推进，没形成获取技术的欲望，必须要掌握导航技术。在这之前要确定目标，并朝着目标认真准备且一直努力去做，定向越野比赛也要这样进行。

一开始认为"会阅读地图"＝"会导航"，但是在进行竞技比赛过程中发现并不是这样。"我能学会导航就可以了。"意识到这一点后立马偷懒了。断然下结论不用完整地阅读地图也可以。只会读明白的地方就可以，不明白的地方用导航的方法更快，重要的是把握哪些是会的哪些是不会的，用会的与导航组合。可能不会的要注意及早发现错误。

结果，定向越野比赛并没有顺利推进，但是学会了导航技术。

再次作为探险比赛选手

虽说还不到完美的程度，但是再集中精力练习提高空间也不大了。下一个瞄准的目标是水上项目：皮划艇、赛艇、升降、海、川、湖泊。而且要在探险比赛中站在世界的顶点，在女子队里瞄准上位。

探险比赛因项目种类和地形特征的不同，导航的方法也会有变化。顺河而下时，几乎不需要导航，顺冰河攀登时，先观察地图上没有的现地，再决定攀登的道路。

另外，导致导航困难的因素有很多。1∶200000的地图其导航只适合大的地形，夜间能看到的东西很少。MTB速度快，比走路时还难。大海中有海流，还必须把这些因素考虑进去。

探险比赛时间在10天以上的，一直处在"比赛"的状态里，所以心理压力非常大。严重的时候，吃东西都觉得麻烦。这种情况下，只能做正常状态下的事情。稍微用点儿脑，比赛后半程就会很困难。

导航也是只能做平常应该做的事情。在困难的情况下如何做简单的导航，这是很重要的。另外，在困难的情况下，还希望能快乐地进行导航，这是我现在最大的课题。

2007年，在中国举行的武隆"山中探险"，跳进洞穴中的河里游泳。作为Team East Wind成员参加了这次比赛。

第9章

读图及导航
问与答

Q&A

在读图及导航讲座上，我收到过各种各样的提问。有技术方面的提问，也有用具方面的提问。在最后一章里回答一下关于读图与导航技术方面一些比较有代表性的提问，希望能为大家提供相关参考。

不断练习，积累多了，地形图就能看成立体的了，是真的吗？地图专业人士能够像看插图那样看地图吗？

女性不擅长阅读地图？

Q1

"女性不会读地图"是真的吗？

A 以前的畅销书《不听话的男人，不识图的女人》本是以此为契机，唤起人们对方向感和地图的关心，却制造出了"女性不识地图"的偏见。

的确，在把握空间基础能力方面，女性比男性成绩差，这在心理学的很多研究成果中被证实了。

但是，比起男女差别来，个人差别更大。我手头上有关于大学生的数据显示，读图能力超过男子平均值的有很多，与男子最高成绩差别不大的女性也有，而且，有相当数量的男性比女性成绩低。在"空间能力方面女性比男性成绩低"，就说"所有的女性在空间能力方面都比男性低"是不成立的。

还有值得注意的一点，研究得到的男女差多是关于基础的空间能力方面的。面向目的地，使用地图的课题，有研究男女有差别的，也有研究男女无差别的。

在美国军人的训练中，有大量关于定向越野比赛方面男女成绩差别的研究。其研究结果显示男性成绩好。但是没有考虑男女的体力差别。就作为整体而言，研究的结果并非是一贯的。大概在使用地图的基础能力方面有差别，而在使用方法上或许能够努力补救。

因为是女性，所以不擅长读地图，其实未必。而且，即使不擅长，只要掌握了补救的方法也就没问题了。

因为方向感差，所以不会读地图？

Q2

我没有方向感。即使是这样，我还能读地图吗？

A "没有方向感"，是很平常的一句话，它有很多意思。

最狭义的意思是连东西南北的判断都不会，方向感迟钝。另外，一般指边走边忘，走过的路也不记得的人。

这些问题严格意义上说不是"感觉"的问题，而是记忆的问题。大概是对风景和道路顺序等关心不够，想记住的东西（对象和内容）不好，所以即使走了一次也记不住道路的情况。

方向感不好的人多数对地图也不擅长。但这不是绝对关系，只是"有那种倾向"而已。即使记忆道路的要领不好，也与使用地图技术是两回事。

我们定向越野比赛的熟人中也有方向感不好的人。尽管他在街上都迷路，但在定向越野比赛中三次获得过日本冠军。这是因为她练习了地图的阅读方法，掌握并补救了方向的"感觉"。

"因为方向感不好，就不能很好地阅读地图"的说法是不成立的，请不要担心这一点。

必须转动地图还是不转动地图更好呢？

Q3

此书上写着要转地图，也有的书上说不要转。到底哪一个说法对呀？

A 关于到底需不需要转动地图，有两种不同的看法。

我的推荐是与实际方向相吻合而转动地图（参照标定——第5章"指南针的使用方法"），而地理学方面的人士则强烈认为"读图时地图北为上"。

另外，《登山者的地图与指南针的使用方法》（成山堂书店）的作者横山雄三氏在书中认为，与其说不需要转动，倒不如说转动是错误的。

大概地图以北为上的说法，是基于面对地图、俯瞰地图地域使用的习惯吧。以北为上，自己与他人持地图同样看，交流更便利。

另一方面，在导航的情况下，是将地图与现实来对应，也可认为别的使用方法更便利。

如果以北为上原样不动地使用地图，那么不用专注标定也可以。可是，根据心理学的实验，地图与实际方向不一致的条件下，确认方向需要时间，有时也会出现方向判断错误的情况。连单纯的街头向导图都有相当概率的方向判断错误发生，有人走错了方向。本书的立场是没有必要提高错误的概率。

通过本书掌握标定技术，确实感到导航便利性的读者，同意这一立场吧?!

不会读地图就不行？

Q4

因读图练习，带着地形图上山，在山顶上遇到的人说"那些东西是专业人员读的，登山用地图就足够了"不会读地图就不行吗？

A 不会读地图，也能够享受到登山的快乐。而且，很多场合下也能够平安无事地下山。

但是，据笔者调查显示，每年有 15%~20% 的人在登山时有过迷路的经历。这些迷路的多靠自身力量回到了正常道路，但谁也不敢保证都能这样。像六甲山事故那样，市民轻松地登山，却在山上迷路了，因此原因，发生了几近死人的事故。

登山的人，即使天好也会带雨具的。就算一日往返的登山，用心的人也会准备头灯吧。

能够读地形图的技术也是一样的，万一有意外发生，能保护自身的就是阅读地

形图的技术。的确，在多数山区不用阅读地形图也能安全地上山、下山。某种意义上说，阅读地形图也算是危机管理的一种吧。

能够阅读地形图，登山的乐趣也会扩展增加。即使不知道高山上的植物的名字，也会感叹"好漂亮啊！"但是，如果知道花的名字，而且知道它多么珍贵等相关知识的话，那么，见到这花儿该是多么的快乐！

能够阅读地形图，就能够想象出要登的山的景色。从阅读等高线就能浮现出地形的大致印象，再据此欣赏实地的景色，会增加登山的乐趣。

地图也有错误？

Q5

听说地形图中也有错误，是真的吗？

A 是的。原因各种各样，其中最大的原因是地图变旧了。街上的情况自不必说，山中的情况也是这样，不断会有新的东西被建造出来。深山里也会有林道和输电线，现在还在不断建造着。这些都成为导航时地图阅读的重要标志。地图上没有标出的新建物，会导致读图时出现错误。

再一个原因是地形图是根据空中拍摄的图片绘制的。从空中通过照片读取的信息是正确的，但是，因为测量官不能在山中无一遗漏地到处巡回调查，因此空中照片不能读取的东西，其精度无论如何也是低的。最好的例子是山路，像第2章"符号里的项目"中说明的那样。

第三个原因是地形图符号的性质所致。地形图符号是把实际上数十米大的物件缩小来表示，因此会采用省略和概括的手法。明明有3个建筑物，但地图上只描绘了2个。此外，针叶林中有一小片阔叶林，但地图上却都作为针叶林来标识。这些对于地图使用者来说都是可以看作"错误"的。

第四个原因是地形图符号的特性所致。"绘制者与使用者之间印象不一致"。比如说，绘制者把某个地方解释为"岩石"，而使用者可能只看见岩石的斜坡。根据照片测量绘制地图从效率上说是快，但因为照片拍到的东西转换成符号是由人来完成的，其中有主观意志的东西，会与使用者的印象不一致，从而成为使用者认为"错误"的原因。

着一句话，也未必一定这样做就对。唯一可以做的肯定是"尽量不要迷路""即使迷路了，也要寻找因迷路而减少受伤害的方法，把它限定在最低程度内"，采取积极的预防措施。

为了明确回答这个问题，有必要弄清楚迷路的具体状况。

"通过了一条犹豫着选择的道路之后，眼里看到的风景与地图上的不同"。如果是这样的话，与其说是迷路，倒不如说是"走错了路线"。在这种情况下，记忆如果准确的话，返回正确的路线上去是最好的解决策略。不过，多数人不能清楚地记得返回的路线。尤其是与走来的方向相反，看到的风景都是不同的。能够准确返回来比较困难。在不清楚自己一路走来的路正确与否的状态下，返回去心理上也是困难的。"原路返回"可以说是格言，这的确是最安全、最容易的解决方法，但实际上如此行事却是困难的。

道路错了或者迷路了，第一时间必须

迷路时如何做才好？

Q6

都说"在山里迷路了要往山脊上走"是真的吗？

A 同样，经常说迷路时要"返回走来时的路""往高处走"。但是，就凭

做的是"把握现地"。明白了现地不在路线上，只有回到正确路线上，这才是自身能够接受的做法。

或者从现地的前方、从地图上预先设定有计划的路上下山，这也是另外一种选择。

指南针不是带底座的，行吗？

Q7

被劝"在户外用品店里买指南针时，要买带底座的指南针"。然而，带底座的指南针比不带底座的指南针贵很多，犹豫不决，是否一定要买带底座的指南针呢？

A 我的回答可以，也不可以。

不可以的理由是带底座的指南针功能多，其中在日本普通的登山者中使用的功能只是非常少的一部分，像第5章"指南针使用方法"中说明的那样。对于一般登山者来说，用带底座指南针的情况很少，几乎没有。对于这样的登山者来说，带底座的指南针毋宁说是操作上的麻烦，也可以说是使用方法混乱的源头。如果有好的指南针的话，不带底座的圆形的指南针更好。这种情况下，有了测量长度的尺子就可以了。

但是，对于去雪山、走杂草丛生的山路的人来说，在视野不好的场所，对确定

了前进的路线进行导航技术是必要的。这种时候，带底座的指南针也是必需的工具。

多数带底座的指南针除了底座以外，还有很多功能特征是在野外活动中有必要使用的，其一就是磁针的轴及塑料壳中的油的处理。由于这两个的存在，在不安定的场所，即使它们在动，但是磁针却安定不动。很多圆形指南针没有做成这样的结构，实际上只有带底座的指南针是这样为野外活动专门设计的。这就是选择不可以的理由。

指南针的使用方法太难、不明白

Q8

读了指南针使用说明书也不明白，如何是好？

A 不明白不是你的原因，是说明书做的不好。

带底座的指南针有各种各样的使用方法，这在第5章中已经介绍过了。

其具有代表性的是银色指南针，在说明书中，写有测量目标物方向和直进的方法。不过，不太现实的，几度改变方向的目标地点的道路，好像根据指南针直接前进到目的地进行了说明。

像第 4 章"地图的 4 种读法"中表述的那样，至少在日本的一般地形中，使用指南针标定地图与现实，以及把握现地、保持路线是相关联的。

首先从熟练掌握使用标定开始练习吧，这比起解说书上说的使用方法简单得多。

不过，标定也确实为了在野外能进行符合它要求的练习。请日常中多多练习积累吧。

概念图的优点与缺点？

Q⁹
画出山脊和山谷的概念图更好吗？

A 说明书中，会附上几张抽出了山脊线、山谷线、山峰等山域的概念图。登山时，要了解山域的概要，为此需要画出概念图。

如果你掌握了一眼就能区别出山脊和山谷这么难的读图技术了的话，为了区别高处还是非高处，画山脊线，准备地图，在山里读图就更简单了。大概，山脊、山谷反转过来看的情况就会变少了。

另外，画概念图本身，也是对其山域理解上非常重要的信息采集，不仅要在脑子里想象，还要动手去实践操作，这样才会更清楚。尽管费点时间，但是容易记住。

不过问题是概念图上，连接着不太清晰的山脊线，好像给人一种很容易顺着山脊线走的错觉。这种情况下，特意切断山脊线，就不太容易看出。

概念图会促进对山域整体的理解、局部地形的理解，必要的导航中原封不动使用或许会有些勉强。

相反，你可以在看地图的瞬间，在完全无意识中区别山脊与山谷，如果有了这个水平，就没有必要画概念图了。

惯例的结论，重要的是根据你的技术水平和目的而定。

熟练者能浮现出地形的印象？

Q¹⁰
练习积累多了等高线和地形就能看成立体的吗？

A 作为实感，感觉在脑海中有与实际山的形状一样的立体图形印象浮现出来。可是，你头脑中的印象，他人并没有办法予以确认。心理学专家认为，从等高线想象出地形，这与其说是印象，不如说是分析得出的结果。

对于熟练者来说，地形被当作印象浮现于脑海里的感觉，实际是第 3 章中指出的那样，按步骤把地形的印象在头脑中进

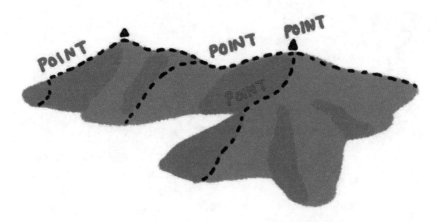

行了制作。这是在无意识中完成的，所以好像印象在头脑中浮现一样。

初学者，有必要对等高线的形状与间隔都进行有意识地思考，用它与实际的地图进行比较、修正、练习。不断重复练习，就会在无意识中形成印象了。在此意义上说，这更像运动技术的练习。所以日常请反复练习吧。

想眺望风景也想说话

日常工作忙，没有与朋友和伙伴预订好一起去爬山的机会。好不容易有了机会和朋友一起爬山，希望能一边爬山一边说话，还能欣赏周围的风景。集中精力阅读地图，也不能说话，也不能看风景了，岂不是失去了乐趣？

A　这种想法没错。好不容易爬山，想欣赏美景，想与驴友交流分享，这都是理所当然的欲求。

为了创造这样的时间、机会，第4章中谈到的检查点的方法是有效的。在限定的地点进行有效的检查，把可能犯错的麻烦控制在最小的可能性中。此外，第4章中还提到看远处，指出在山脊、山谷的哪一侧，利用斜坡意识等注意的方法。这些信息，即使边说话边欣赏周边风景，也能观察到。只要有"这样大概可以""这有点奇怪"这些意识，都可以成为避免最坏结果的线索。

在掌握这些技术之前，爬山时请细心地注意地图与周围的风景，尽管不要每次都这样。学开车也是这样吧。考取驾照时，会无暇与同乘者说话、看车外风景。然而，会开车以后，那就都不成问题了。先一步一步开始。

■ 经纬度

表示地球上位置的数值，用坐标表示的话，通常X轴表示经度，Y轴表示纬度。但是X、Y两坐标不同，纬度与经度的长度及性质也不同，1经度在地球上不管哪里都是大约111千米，而纬度随着纬度的高度变化而变化，纬度越高，其长度越短。参照37页。

■ 检查点

预定的通过地点，并且输入到了GPS的通过地点。参照第7章。

■ 偏离目标

存在于目标地点线状参照物（山脊山谷道路等）的一部分里，面向该方向使用指南针前进时，不直接指向那里，而是顺着线状特征物的方向将目标故意进行偏离的做法。参照5~8章。

■ 概念图

为了把握山域的大概情况，而把山峰、山脊及山谷等重要的特征物从地形图中抽出来进行描述的图。参照72页。

■ 空中照片

从飞机上拍摄的地表面的照片的总称，有斜面照片和垂直照片两种。一般指对着地面垂直拍摄的照片，是制作地形图的最初数据。参照10页。

■ 坡度缓急

指地面倾斜转换了的场所。在地图上表现为等高线间隔的变化，常常因为是有特征的地形，从而成为把握地形的标志。

参照73页。

■ 带附属装饰的指南针

比通常的带底座的指南针能更准确地测量目标物方位的指南针。参照101页。

■ 登山事故

正如文字描述的那样指在山上遭遇了事故。但是，作为资料记录的是报过警的，以某种形式出动过救助队进行过救助的登山事故。日本警察厅每年7月前后会公布前一年的统计数据。近几年，日本每年发生大约1600起登山事故。实际上遭遇事故了，自己想办法解决了的不在统计之内。参照38页。

■ 磁偏角

地图的纵边是南北方向，上为北，这是正北，与磁石所指的磁北有一定的偏离角度，因偏离角度所产生的磁针方向叫磁偏角。这种偏离角度因地域而有一定的数值，一般情况下纬度越高磁偏角度越大，反之越小。

■ GPS

全球定位系统的简称。一般多指利用该系统表示现地的定位仪器，准确名称应该叫作GPS接收器。在户外用的小型接收器被称作便携式GPS（正式名称是handheld GPS receiver）。参照128页。

■ 比例尺

实际地理事物在地图上缩小的程度。1：25000的话，就是实际的长度缩小到1/25000，在地图上表示出来。

■ 定向

把地图与实际方向重合。周围没有容易明白的特征物时，也有必要使用指南针。参照105页。

■ 检查点

确实清楚自己的现地位置，而且必须要清楚明白，否则，后边的导航就会出现障碍的位置。不过，这里的"确实"是由环境与自己的技术决定的。要根据人、场所、路线等综合情况来判断同一个场所是否可以成为检查点。参照94页。

■ 地形图

以地形表现为主的地图，在日本有以市区为中心制成的1∶10000、覆盖全国的1∶25000以及1∶50000的地形图。登山用地图是以1∶25000的地形图为基础制作的。参照21页。

■ 图示

描绘在地形图周边的信息的总称叫图示。除了图例和索引等之外，还有地图的基本信息等重要内容。参照34页。

■ 等高线

等高线是地形图上连接相同高度的线，与相邻的等高线的高度差叫等距离。1∶25000地形图的等高线间隔是10米。参照35页。

■ 登山专用地图

在地形图的信息基础上增加了登山道路等登山必要信息的地图。

■ 轨迹

GPS用语。在记录（参照本页的"记录"）上加上名称而形成的线状位置信息。参照146页。

■ 带底座的指南针

长方形透明的底座上镶上磁针，盖有塑料壳的、可转动的指南针。可在野外活动中决定到达目的地的方向，测定目标物的方位。参照102页。

■ 山型折叠法

地形图折叠方法的一种，把地形图折叠成小型的、与另一张地形图容易对接的折叠方法。因为经常被登山者使用，所以叫这个名。

■ UTM坐标

绘制地形图世界通用的横轴墨卡托投影，按经度6度划分为南北纵带，往圆筒状的面上投影，把旋转的椭圆体的地球的面变换成平面的地图。参照155页。

■ 路线（GPS的）

以道路检查点为序、用直线连接的、表示计划通过的道路。参照142页及第7章。

■ 保持路线

在野外活动中发现、找出自己前进的必经之路。有路线时，不需要发现、寻找，没有走过的痕迹或者走过的痕迹很多、很广泛时，就需要靠自己的力量去发现、寻找出一条路。参照90页。

■ 记录

GPS可记录自己移动路径的位置信息。参照146页。

以定向越野比赛和登山经验为基础归纳总结的、登山必要的读图和导航技术于一体的《预防迷路遇难最新读图术》（山与溪谷社）一书，受到了专家和一般登山者的高度评价。

以此书的出版为契机，笔者接受邀请承担有关读图与导航技术的讲座及迷路遇难相关的演讲等机会多了起来。其间，我们发现专家理所当然进行的读图和导航背后，有很多知识与技能被隐藏了，还没有意识到，要使初学者掌握这些技术，有必要更好地记述它们。

《预防迷路遇难最新读图术》出版以来，我正想把指导经验中发现的读图要点整理成书时，椣出版社的山本先生发出了希望就地图阅读方面写本书的邀请，尽管时间仓促紧张，但是，我还是立即答应下来。

开写之后，发现要把读图技术的基础通俗易懂地记述下来还真有难度，实属不易。我们自身，作为指导者，也正在水平提高的过程中，地图又是视觉媒体，把它文字化说明本身也有局限，所以尽可能多用照片和图片来帮助读者进行理解。尽管难，还是希望大家不要放弃，要坚持去实践。读图技术终究是实践技术。

在本书执笔的背后，有很多人提供了帮助。首先是这6年间参加我们读图讲座的很多听众，从大家的失败案例和问题中，我们学到了很多东西，给了我们想写这本通俗易懂的书的动力。其次，很多友人，尤其是团队中阿阇梨的田岛利佳、田中宏昌，Team East Wind 的田中正人等，文部科学省登山研修所（当时）的小林亘，把我们带进了导航的广阔领域。实践篇中，还有参加远足徒步的、以鹿岛田真理子为首的 OL 的登山委员会的同人们，从冬季登山专家的立场为我们提供评论与图片的长冈健一，为我们提供关于迷路遇难的实地调查信息的山下实。最后，还有图版合成的竹口宽子，插图合成的 Zenyoji Susumu，编辑山本晃市等。

感谢诸位的同时，也要感谢我们的父母双亲。尽管从导航中获得、提高了能力，但人生中难免有些许偏离轨道，一直为我们保驾护航的是我们的父母双亲，谨以此书献给他们。

村越 真
宫内佐季子